彩图 1 克氏原螯虾

彩图 2 小龙虾打洞

彩图 3 雌、雄虾交配

彩图 4 小龙虾受精卵

彩图 5 抱卵虾

彩图 6 设计构建的抱卵虾生产装置

彩图 7 抱卵虾收集

彩图 8 抱卵虾暂养及受精卵控温孵化

彩图 9 控温孵化出的小龙虾仔虾

彩图 10 小龙虾苗种繁育池塘

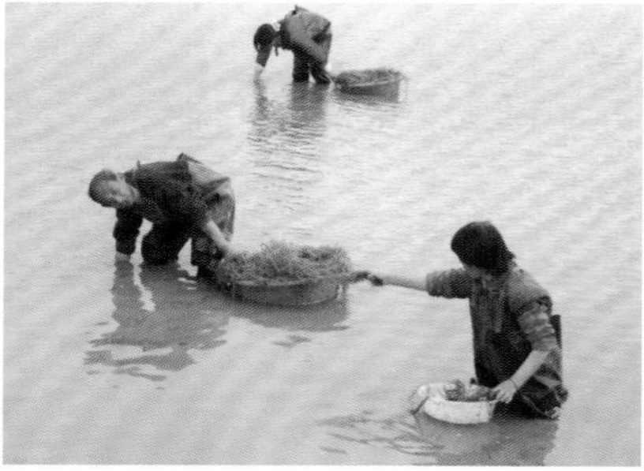

彩图 11 繁育池移栽水草

彩图 12 繁育池塘移栽成功的伊乐藻

彩图 13 繁育池塘移栽成功的眼子菜

彩图 14 土池繁育池安装的微孔增氧装置

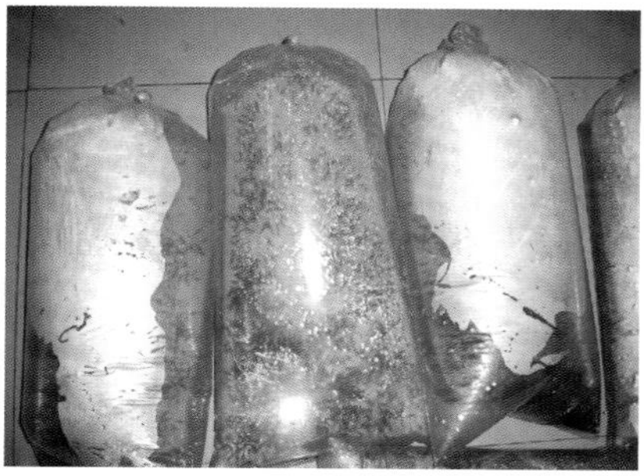

彩图 15 仔虾氧气袋运输

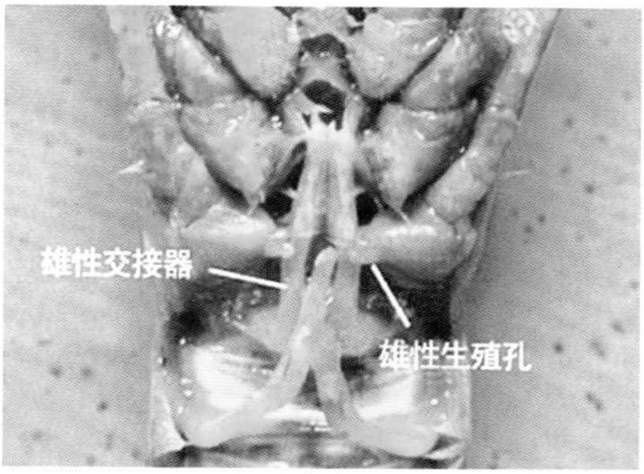

彩图 16 小龙虾雄虾

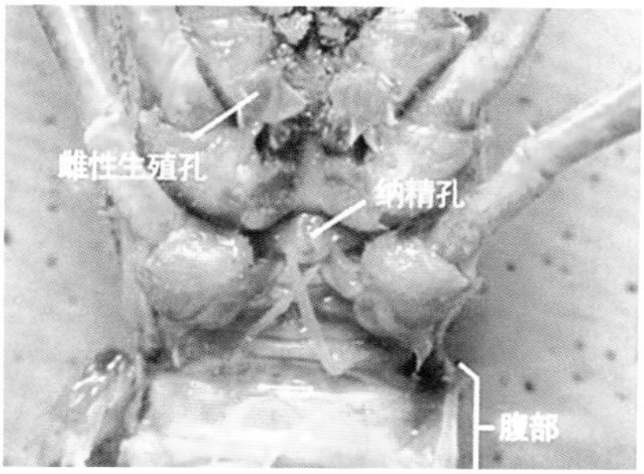

彩图 17 小龙虾雌虾

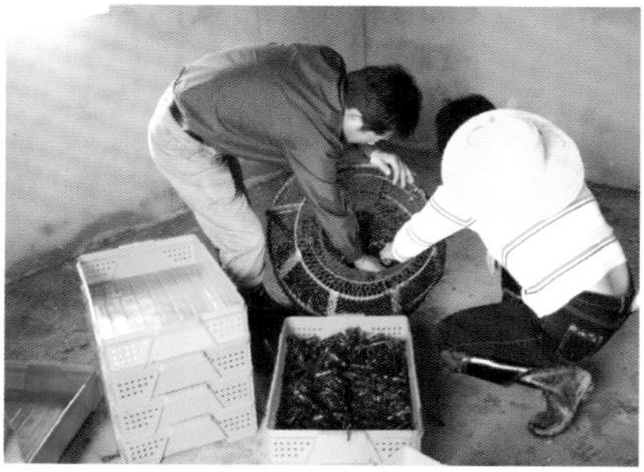

彩图 18 亲虾运输

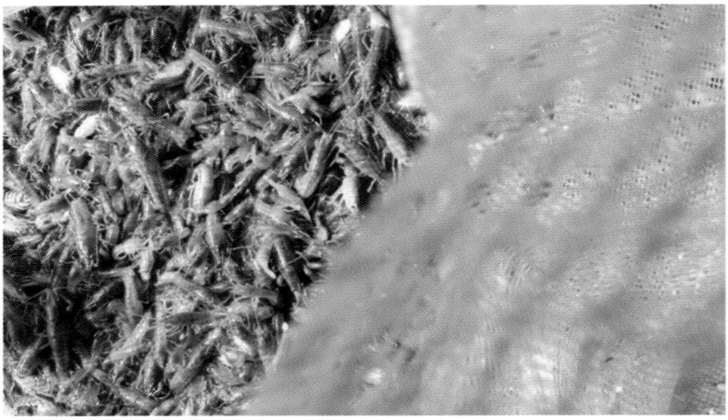

彩图 19 大规格虾种

彩图 20 小龙虾池塘养殖

彩图 21 小龙虾池塘养殖

彩图 22 工厂繁育的仔虾计数

彩图 23 捕虾不捕蟹地笼 1

彩图 24 捕虾不捕蟹地笼 2

彩图 25 虾蟹池微孔增氧

彩图 26 稻田养虾

彩图 27 芦苇地养虾

彩图 28 圩滩地养虾

彩图 29 小龙虾放养

彩图 30 专池繁育出幼虾

彩图 31 藕田养虾

彩图 32 地笼

彩图 33 捕大留小专用地笼

彩图 34 运虾的网隔箱

彩图 35 小龙虾仁加工

彩图 36 小龙虾养殖基地保持着原始的生态环境

彩图 37 优美的小龙虾养殖环境

水产高效健康养殖丛书

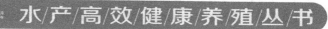

小龙虾 XIAOLONGXIA

GAOXIAO YANGZHI YU JIBING FANGZHI JISHU

高效养殖与疾病防治技术

汪建国 总主编 周凤建 强晓刚 单宏业 编著

化学工业出版社

·北京·

小龙虾，学名克氏原螯虾，为全球产、销量最大的淡水虾类之一。受加工业与餐饮业的带动，我国的小龙虾养殖产业已呈蓬勃发展之势。本书总结了小龙虾养殖发展较快的苏、皖、鄂等地区先进养殖经验，以“专塘繁育、计数下塘，彻底清塘、环境再造，制度调整，适时销售”为主线，详细地介绍了小龙虾繁殖、养殖技术等最新成果。内容翔实，注重实用；文字简练，通俗易懂。是小龙虾养殖户较为理想的生产指导用书，也可以作为教学、推广及职业培训教材。

图书在版编目（CIP）数据

小龙虾高效养殖与疾病防治技术/周凤建，强晓刚，单宏业编著．—北京：化学工业出版社，2014.8（2023.6 重印）
（水产高效健康养殖丛书/汪建国总主编）
ISBN 978-7-122-21171-2

Ⅰ．①小…　Ⅱ．①周…②强…③单…　Ⅲ．①小龙虾-虾类养殖②小龙虾-虾病-防治　Ⅳ．①S966.12 ②S945.4

中国版本图书馆 CIP 数据核字（2014）第 145467 号

责任编辑：漆艳萍　邵桂林　　　　装帧设计：史利平
责任校对：宋　夏

出版发行：化学工业出版社（北京市东城区青年湖南街 13 号　邮政编码 100011）
印　　装：北京天宇星印刷厂
850mm×1168mm　1/32　印张 6¾　彩插 4　字数 184 千字
2023 年 6 月北京第 1 版第18次印刷

购书咨询：010-64518888　　售后服务：010-64518899
网　　址：http://www.cip.com.cn
凡购买本书，如有缺损质量问题，本社销售中心负责调换。

定　　价：25.00 元　

序

我国池塘养鱼有着悠久的历史，远在三千多年前的殷末周初就有池塘养鱼的记载。世界上最早的养鱼著作《养鱼经》，就是公元前460年左右的春秋战国时期由我国养鱼历史上著名的始祖范蠡根据当时池塘养鲤的经验写成的。几千年来，我国人民在生产实践中积累了丰富的养鱼技术和经验。

近30年来，我国的水产养殖业发展迅速。2012年，我国淡水池塘养殖面积256.69万公顷、水库养殖面积191.15万公顷、湖泊养殖面积102.48万公顷、河沟养殖面积27.48万公顷，池塘养殖面积占淡水养殖总面积的43.45%。淡水鱼类养殖产量2334.11万吨，其中草鱼产量478.17万吨、鲢产量368.78万吨、鲤产量289.70万吨、凡纳滨对虾产量69.07万吨、河蟹产量71.44万吨。在满足水产品市场供应、保障国家粮食安全、增加农民渔民就业和收入等方面都发挥了重要作用，也为世界渔业发展作出了重要贡献。

“以养为主”的渔业发展模式，不仅符合我国国情，而且突破了世界渔业发展过分依赖天然渔业资源的旧模式，拓展了我国渔业发展的空间，走出了一条有中国特色的渔业发展道路。目前，我国水产养殖业正从传统养殖向健康养殖转变，由数量增长型向效益增长型转变。节水、高效、生态、健康型养殖模式已成为我国水产养殖业的主体。实践证明，科技进步是渔业发展的根本出路，必须加快渔业科技创新步伐，加速渔业科技成果的转化与推广，将经济增长转到依靠科技进步和劳动者素质提高上来。因此，推广经济价值较高的养殖鱼类品种，普及健康养殖技术，加强病害防治技术，就成为我国水产养殖业可持续发展的一项重要任务。

淡水鱼类养殖是适合在农村推广发展的致富项目之一，具有广阔的发展前景。化学工业出版社组织编写《水产高效健康养殖丛书》，结合当前淡水养殖业的发展趋势和养殖种类的区分，特别设置8个分册，包括《淡水鱼高效养殖与疾病防治技术》、《黄鳝高效养殖与疾病防治技术》、《泥鳅高效养殖与疾病防治技术》、《龟鳖高效养殖与疾病防治技术》、《河蟹高效养殖与疾病防治技术》、《南美白对虾高效养殖与疾病防治技术》、《克氏原螯虾（小龙虾）高效养殖与疾病防治技术》、《鳜鱼高效养殖与疾病防治技术》，不仅讲解了常见淡水鱼类的养殖与疾病防治技术，而且涉及目前比较热门的几种特种淡水鱼类，既涵盖了草鱼、青鱼、鲢、鳙、鲤、鲫、鳊的常规养殖鱼类的高效健康养殖与疾病防治技术，又涵盖了鳜鱼、黄鳝、泥鳅、龟、鳖、虾、蟹等名特优新养殖品种的高效健康养殖与疾病防治技术。

《水产高效健康养殖丛书》系统性强、语言通俗易懂、内容科学实用、操作性强，并结合养殖对象的疾病防治技术配套彩图插页，图文并茂，有利于读者的知识积累和实践应用，符合水产养殖业者的阅读需求。丛书的编著者不仅是专业知识扎实的专家，而且在实践中积累和总结了较丰富的经验和技术。在丛书的立意中强调选项以优质养殖对象为主，内容以技术为主，技术以实用为主。丛书的问世，无疑将成为推广淡水鱼类高效健康养殖和疾病防治技术的水产科技工作者和养殖业者养殖致富的好帮手，也为水产养殖等专业的科技人员和教学人员提供了有益的参考。

由于许多技术仍在不断完善的过程中，难免有不足之处，希望读者指正并提出宝贵意见，以便在丛书再版时予以修正。

2014 年 1 月

丛书总主编简介

汪建国，中国科学院水生生物研究所研究员、中国科学院大学教授、博士研究生导师。主要从事鱼病学、寄生原生动物学和水产健康养殖学等的研究。主编和参与编写的著作 20 余部；发表学术论文 100 余篇。在科学研究工作中，作为主要贡献者的科技成果获奖项目有中国科学院重大科技成果奖、湖北省科学技术进步奖、中国科学院科学技术进步奖、中国科学院自然科学奖、河南省优秀图书奖等。

前言

克氏原螯虾（*Procambarus clarkia* Girard，1852），俗称淡水小龙虾、小龙虾，营养丰富，肉味鲜美，是高蛋白、低脂肪的世界性食用虾类，产量达到全世界淡水龙虾产量的70%以上。小龙虾原产于北美洲，20世纪初，由美国引入日本，再由日本进入我国南京周边地区，经自然增殖，现广泛分布于我国长江中下游各类水域。我国自20世纪80年代开始对小龙虾肉及整只虾进行加工，并出口美国，成为当时主要的出口水产品之一。近年来，随着我国老百姓生活水平的提高，小龙虾食品已普遍进入饭店、宾馆、超市和家庭餐桌，尤其是各地举办龙虾节庆活动，小龙虾得到了极大的宣传和推广，其中江苏省盱眙县，以虾为媒，自2000年开始，连续举办了十三届“中国盱眙龙虾节”，既推广了小龙虾美食，又促进了地方经济发展，获得了巨大成功；2013年，第十三“中国盱眙国际龙虾节”在澳大利亚、瑞典等四个国家、八个城市同时开幕，小龙虾的经济影响巨大。目前，小龙虾市场价格逐年攀升，产品供不应求，开发前景广阔。

小龙虾对环境的适应性较强，病害少，耐低氧，池塘、河沟、湖泊、稻田、沼泽地等水域中都可以繁殖与生长，而且能较长时间离水或穴居，运输方便，运输成活率高，具有其他虾类无法比拟的优良生产性能。随着天然捕捞量减少和销售价格逐年上扬，克氏原螯虾养殖产业逐渐形成，已形成全国性的龙虾养殖热潮。据不完全统计，仅江苏、湖北、安徽、江西四省，小龙虾养殖面积超千万亩。江苏地区受盱眙龙虾节的推动，小龙虾繁殖与养殖技术研究与实践较早，已总结推广多种小龙虾繁育、养殖模式，小龙虾土池规模化繁育，池塘主养，虾蟹混养及荷藕田、稻田、水芹菜田养殖等模式已成为具有地方特色的小龙虾养殖模式，为本地区日益庞大的小龙虾餐饮、加工经济提供了重要支撑。养殖户也从小龙虾养殖中获得了丰厚的回报。

近五年来，编者主持和参加了江苏省水产三新工程、江苏省农业科技支撑计划“克氏原螯虾苗种规模化繁育及健康养殖技术的研究与推广”等多个项目，对本地区克氏原螯虾繁殖规律、规模化繁育与养殖技术进行了较为系统的研究，基于这些研究形成的成果，本书总结形成了小龙虾规模化繁殖与养殖技术。为便于读者更加全面了解小龙虾及相关产业，编者还参考了近年来公开发表的小龙虾相关文献和书籍，介绍了小龙虾分类与自然分布、生物学特性及国内外研究概况，小龙虾加工与利用，及小龙虾养殖禁用渔药、水质标准等知识。全书共分七章，强晓刚编写了第一、第四、第五、第六、第七章，周凤建编写了第二、第三章，书中涉及的水生经济植物、水稻、水草的栽培技术由单宏业修编。本书基本涵盖了小龙虾经济的各个产业，重点介绍了小龙虾苗种生产技术和养殖技术，力求做到重点突出，先进性与实用性统一，具有可操作性。编写内容尽量简明扼要，通俗易懂。可以作为养殖户的生产指导用书，也可以作为水产科研单位、渔业生产单位技术培训教材。

本书编写过程中，得到盱眙县县委组织部陈俊祥部长、盱眙县人民政府郑海梁副县长等同志的指导和支持，也参考了同行的文献和著作，在此，一并表示感谢！

由于水平和时间有限，书中难免有不妥之处，敬请同行专家和广大读者批评指正。

编著者

2014 年 6 月

目录

第一章
概 述

第一节　小龙虾的分类与自然分布

克氏原螯虾（*Procambarus clarkia* Girard，1852）在动物分类上隶属节肢动物门（Arthropoda）、甲壳纲（Crustacea）、十足目（Decapoda）、螯虾科（Cambaridae）、原螯虾属（*Procambarus*）。英文名：Red Swamp Crayfish，俗称小龙虾、淡水龙虾、淡水小龙虾（以下简称小龙虾）。小龙虾原产于北美洲、美国中南部和墨西哥北部，尤其是美国的路易斯安那州是小龙虾主要产区，该区已把小龙虾养殖当做农业生产的主要组成部分，虾仁等加工制品销往世界各地。目前，小龙虾广泛分布于世界五大洲近四十个国家和地区。主要分布的国家和地区有美国、墨西哥、澳大利亚、新几内亚、津巴布韦、南非、土耳其、叙利亚、匈牙利、波兰、保加利亚、西班牙。

我国的小龙虾于20世纪30年代从日本传入，最早出现在江苏地区。由于其适应性广，繁殖力强，无论江河、湖泊、池塘、水田、沟渠均能生活，甚至在一些鱼类难以生存的水体中也能生活，经过长时间的扩展，种群和数量得到很大的增加。目前已归化为我国的一个水产物种，成为我国淡水虾类中一个重要品种，广泛分布于我国的华北、东北、西北、西南、华东、华中、华南及台湾等地区，尤其是在长江中下游的湖北、江苏、安徽、江西、浙江、湖南和上海，资源量占90%以上，是我国出口创汇的重要水产品之一。

第二节　小龙虾的生物学特性

一、形态特征

1. 外部形态

小龙虾的体表具有坚硬的甲壳，俗称虾壳，身体由头胸部和腹部共20节组成，其中头部5节、胸部8节、腹部7节（彩图1、图1-1、图1-2）。

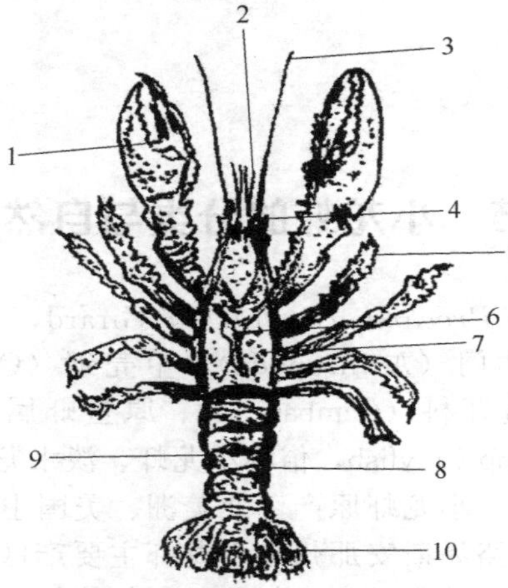

图 1-1 小龙虾外部特征示意图（背面观）

1—大螯；2—小触角；3—大触角；4—额剑；5—胸足；6—肝脏；7—头胸甲；8—游泳足；9—腹部；10—尾扇

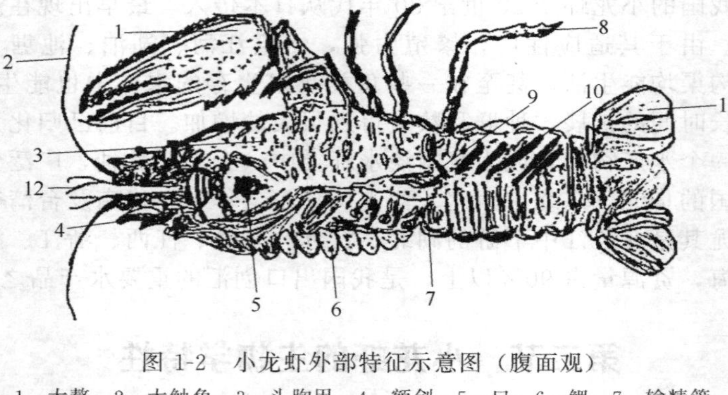

图 1-2 小龙虾外部特征示意图（腹面观）

1—大螯；2—大触角；3—头胸甲；4—额剑；5—口；6—鳃；7—输精管；8—胸足；9—交接棒；10—游泳足；11—尾扇；12—小触角

头胸部呈圆筒形，由头部5节、胸部8节愈合而成，外被几丁质甲壳，头胸甲坚硬且发达，几乎占全身长度的1/2，背侧向前伸出一三角形额剑，额剑表面中部凹陷，两侧隆脊，尖端锐刺状。一对带眼柄的复眼生于额剑的基部，头端有长触须一对。头胸甲背面与胸壁相连，两侧游离形成鳃腔。在头胸甲背部有一弧形颈沟，是头部与颈部的分界线。

头胸部附肢共有 10 对，头部 5 对，前 2 对附肢演变成触角，具感觉功能；后 3 对是口器的主要部分，称为口肢。口肢的第一对是大颚，后面的 2 对为小颚。前 1 对大颚、第 1 小颚及第 2 小颚共同组成口器，作为摄食器官。胸部有步足 5 对，第 1 对呈螯状，粗大；第 2、第 3 对钳状；后 2 对爪状。螯足是摄食和防御的工具，后 4 对步足司运动功能，用于爬行。雄性的生殖孔位于第 4 步足基部内侧，雌性生殖孔位于第 5 步足基部内侧。

腹部有腹足 6 对，双肢型，称为腹肢，又称为游泳肢。雌性第 1 对腹足退化，雄性前 2 对腹足演变成钙质交接器。尾肢与尾柄一起合称尾扇，尾扇有使身体升降和向后弹跳的功能。雌虾在抱卵期和孵化期，尾扇均向内弯曲，爬行或受敌时，以保护受精卵或稚虾免受伤害。

小龙虾外表颜色随水质、蜕皮和年龄增长而呈现不同体色。幼体或刚蜕壳的虾，体色呈青色，成虾多数呈红褐色。

2. 内部结构

小龙虾整个体内分为消化系统、呼吸系统、循环系统、排泄系统、生殖系统、肌肉运动系统、神经系统、内分泌系统八大部分（图 1-3）。

（1）消化系统　小龙虾的消化系统是由口、食道、胃、中肠、后肠、肛门构成的管道，贯穿于头胸部和腹部。胃食道和后肠源于外胚层，肠内壁被有几丁质壳，中肠较短，具有分泌多种消化酶的功能。肛门开口于尾节腹面与第 6 腹节相邻和尾部交接处。在中肠处具有一大的消化腺——肝胰脏，肝胰脏是虾类最大的消化酶分泌器官，可分泌与食物消化有关的多种水解酶。同时它也是重要的贮存器官，在肝胰脏内有贮藏蛋白质颗粒、脂肪颗粒和无机物的不同类型的贮藏细胞。其中贮藏钙、磷颗粒的细胞最多，在小龙虾蜕皮周期中具有充当无机元素的转运库和贮藏库的作用。

（2）呼吸系统　小龙虾具有 8 对鳃，包在头胸甲的两侧，通过

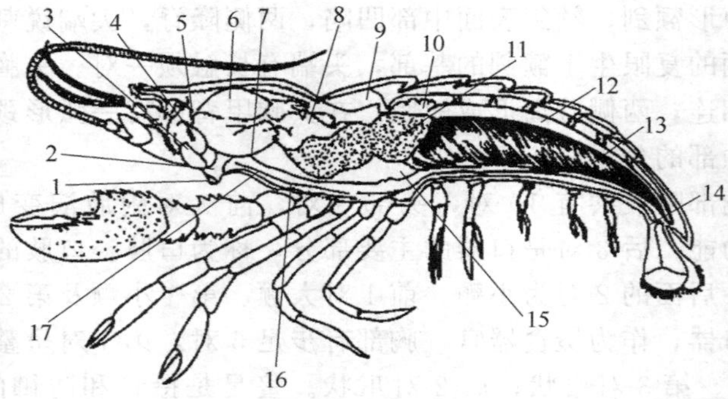

图 1-3　小龙虾的内部结构示意图

1—口；2—食管；3—排泄管；4—膀胱；5—绿腺；6—胃；7—神经；8—幽门胃；9—心脏；10—肝胰脏；11—性腺；12—肠；13—肌肉；14—肛门；15—输精管；16—副神经；17—神经节

鳃丝的摆动形成水流同外界进行气体交换。每个鳃丝上分布着许多鳃小片，上面密布血管网，外界的氧穿透血管壁与铜蓝蛋白结合，同时会释放出二氧化碳。鳃可以吸收水中的金属离子和调节渗透压。小龙虾的呼吸系统较为特殊，离水后保持体表一定的温润性，可成活数天。

(3) 循环系统　虾类属开放性循环系统，由位于肝胰脏后侧的心脏以及血管和血窦组成。心脏将血液泵向身体各处的血窦，再至各组织器官。血液是无色的，由血浆和变形虫状的血球组成，直接携带氧的是铜蓝蛋白。血液凝血功能强，由心脏抽出的血液在 30 秒钟内便凝成淡蓝色的血块。

(4) 排泄系统　小龙虾头部大触角基部内有一对绿色腺体，在其后各有一膀胱，由排泄管通向大触角基部，开口于体外。

(5) 生殖系统　小龙虾是雌雄异体，雌虾有一个卵巢，呈 Y 型，位于胃的后方、心脏之前、肝胰脏之上，后部分成相连的两叶，中部两侧各引出一条输卵管，分别汇集开口于第 3 步足基部内侧，开口处为生殖孔。雄虾有一个精巢，呈白色线状，所在部位同卵巢，但输精管只有左侧一根，开口于第 5 步足基部内侧，开口处为生殖孔。精巢的大小和颜色随着繁殖季节的到来而变化：未成熟的精巢呈白色细条状，成熟的精巢呈淡黄色的纺锤形，后者体积较前者大数倍到数十倍不等。生殖系统的作用是雌雄交配、产卵、繁衍后代。

（6）肌肉运动系统　小龙虾的肌肉运动系统由肌肉和甲壳组成，甲壳又被称为外骨骼，起着支撑的作用，在肌肉的牵动下起着运动的功能。

（7）神经系统　小龙虾神经系统是由位于头部的脑神经节、食道神经环和纵行于腹部的神经索组成。腹神经索在每个体节中各有一对膨大的神经节。

（8）内分泌系统　小龙虾眼柄基部有触角腺和绿腺，是重要的内分泌器官，可分泌不同的激素，对生殖、蜕皮和水盐代谢起着调节作用（表 1-1）。

表 1-1　小龙虾的内分泌腺及其功能

名称	位置	类型	功能
X-器官和窦腺（XO-SG）	眼柄	神经组织型	分泌多种神经肽类激素，调节生殖、蜕皮、颜色改变、行为、发育等
后联合器官（PCO）	食道后神经系统	神经组织型	增强红、白色素细胞的分泌
围心腔器官（PEO）	围心腔壁	神经组织型	调节心脏搏动
大颚器（MO）	大颚基部	上皮组织型	分泌甲基法尼酯（MF），调节生殖、蜕皮、发育、行为、渗透压等
Y-器官（YO）	第二小颚基部	上皮组织型	分泌蜕皮酮，调节蜕皮、生长、发育
促雄腺素	输精管末端	上皮组织型	控制精巢发育和维持雄性第二特征

二、生活习性

小龙虾对环境的适应能力很强，各种水体都能生存，无论是湖泊、河流、池塘、河沟、水田均能生存。

小龙虾为穴居性动物，喜栖息于水草、树枝、石隙等隐蔽物中。该虾昼伏夜出，不喜强光。在正常条件下，白天多隐藏在水中较深处或隐蔽物中，很少活动，傍晚太阳下山后开始活动，多聚集在浅水边爬行觅食或寻偶。若受惊吓，迅速逃回深水中。该虾多喜爬行，不喜游泳，觅食和活动时向前爬行，受惊或遇敌时迅速向后，弹跳躲避。

该虾栖息的地点常有季节性移动现象，春天水温上升，小龙虾多在浅水处活动；盛夏水温较高就向深水处移动；冬季在洞穴中越冬。

1. 趋水性

小龙虾有很强的趋水流性，喜新水活水，逆水上溯，且喜集群生活。在养殖池中常成群聚集在进水口周围。大雨天，小龙虾可逆水流上岸边作短暂停留或逃逸，水中环境不适时也会爬上岸边栖息，因此养殖场地要有防逃的围栏设施。

2. 掘洞性

小龙虾喜欢掘洞，并且善于掘洞。小龙虾掘洞时间多在夜间，可持续掘洞 6～8 小时，成虾一夜挖掘深度可达 40 厘米，幼虾可达 25 厘米。小龙虾一般在水边的近岸掘洞，成虾大多数洞穴深度在 50～80 厘米，部分洞穴的深度超过 1 米。通常横向平面走向的龙虾洞穴才有超过 1 米以上深度的可能，而垂直纵深向下的洞穴一般都比较浅。幼虾洞穴的深度在 10～25 厘米，体长 1.2 厘米的稚虾已经具备掘洞的能力，洞穴深度在 10～20 厘米。小龙虾成虾的掘洞速度很快，尤其在放入一个新的生活环境中尤为明显。10 月初，我们将小龙虾放入试验池中，经一夜后观察，在沙质土壤条件下，大部分小龙虾所掘的新洞深度超过 30 厘米。小龙虾在繁殖季节掘洞强度增大，在寒冷的冬季及初春，掘洞强度减弱（彩图 2）。

在繁殖期间 7 月、8 月、9 月、10 月，小龙虾的掘洞数量不断增加，显示了小龙虾繁殖季节强烈的掘洞行为（图 1-4）。

小龙虾掘洞的洞口位置通常选择在水平面处，但这种选择常因

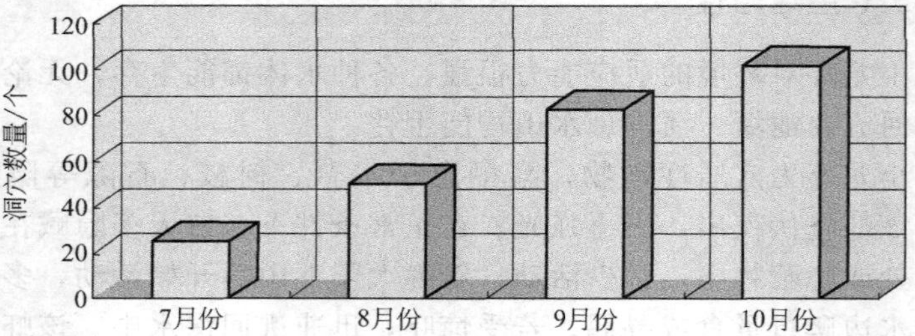

图 1-4 小龙虾繁殖季节掘洞数量月变化表

水位的变化而使洞口高出或低于水平面，故而一般在水面上下20厘米处，小龙虾洞口最多，较集中于水草茂盛处。小龙虾在挖好洞穴后，多数都要加以覆盖，用泥土等物堵住入口。

养殖池的土质条件对小龙虾掘洞的影响较为明显，在有机质缺乏的砂质土中，小龙虾打洞现象较多，而硬质土打洞较少。在水质较肥、底层淤泥较多、有机质丰富的条件下，小龙虾洞穴明显减少。但是，无论在何种生存环境中，在繁殖季节小龙虾打洞的数量都明显增多。

3. 争斗性

小龙虾的攻击性很强，在争夺领地、抢占食物、竞争配偶时表现尤其突出。小龙虾在严重饥饿时，会以强凌弱，相互格斗，弱肉强食。有试验表明，在缺少食物时大虾一天可以吃掉20多只幼虾。但在食物充足或比较充足时，又和睦相处。小龙虾的游泳本领不高，在水体中只能作挣扎性或逃遁性的短时间、短距离的游泳。一旦受惊或遭遇敌害，便快速倒退性逃遁或不逃遁摆开格斗架式，用其一双大螯与敌害决斗。若某物被其大螯夹住，它绝不会轻易放开，只有骚动其腹部或将其放置水中方可解围。

4. 出水性

小龙虾是介于水栖动物和两栖动物之间的一种动物。它对自然水域或人工养殖水域的大小、深浅和肥瘦要求不高。它利用空气中的氧气的本领很高，离开水体之后，只要保持湿润，可以安然存活2～3天。

5. 适应性

小龙虾同其他淡水鱼一样，属变温动物，它喜温暖、怕炎热、畏寒冷。适宜水温在18～26℃之间。成虾耐高温和低温的能力比较强，能适应40℃以上的高温和－15℃的低温。当水体温度上升到30℃以上时，小龙虾处于半摄食的越夏状态；当水温下降到15℃以下，小龙虾进入不摄食或半摄食的打洞状态；当水温下降到10℃以下时，小龙虾进入越冬状态。

小龙虾喜清新的水质，水体中的溶解氧含量越高，小龙虾的摄食就越旺、生长就越快、病害就越少。水体中的溶解氧低于2.5毫克/升时，小龙虾的摄食量减少，水质的 pH 值在 5.8～9 范围内，溶解氧低于 1.5 毫克/升时仍能正常生存。溶解氧在 1 毫克/升时，小龙虾就会停食或将身体露出水面觅食。

小龙虾喜欢中性和偏碱性的水体，pH 值在 7～9 时最适合其生长和繁殖。

6. 雌雄同穴性

越夏或越冬时，雌雄同居一个洞穴之中，繁殖期内大部分洞穴雌雄比例为 1∶1。在同个洞穴中，雄虾数量总是小于或等于雌虾数量。在调查中发现一个洞穴最多的时候达到 15 只虾，雌雄比为 9∶6。

7. 领地性

小龙虾与河蟹一样具有强烈的领地行为，一旦同类进入它的领地，就会发生打斗行为。领地的表现形式是自然状态下小龙虾在池底分布均匀，在洞穴内不能容忍同类尤其是同一性别的小龙虾存在。当然领地的大小及位置会随时间和生态环境不同而作适当的调整。

8. 自切和再生性

小龙虾步足受外界环境刺激（如药物、电、温度）或被外敌抓住，经常会迅速自断其受害步足，得以逃生，此现象称为自切。小龙虾自切时，折断点总是在附肢的基节与坐节之间的关节处。步足一旦断开后，小龙虾自身即分泌液体以封闭保护伤口。幼虾的再生能力强，损失部分在第 2 次蜕皮时再生一部分，几次蜕皮后就会恢复，不过新生的部分比原先的要短小。这种自切与再生行为是一种保护性的适应。

9. 迁徙性

小龙虾有较强的攀缘能力和迁徙能力，在水体缺氧、缺饵、水体被污染或其他生化因子发生剧烈变化而不适应的情况下，常常会爬出水体，从一个水体迁徙到另一个水体中。

三、食性

小龙虾是偏动物性的杂食性动物，但食性在不同的发育阶段稍有差异。刚孵出的幼体以其自身存留的卵黄为营养，之后不久便摄食轮虫等小浮游动物，随着个体不断增大，摄食较大的浮游动物、底栖动物和植物碎屑，成虾兼食动植物，主食植物碎屑、动物尸体，也摄食水蚯蚓、摇蚊幼虫、小型甲壳类及一些水生昆虫。在人工养殖情况下，幼体可投喂丰年虫无节幼体、螺旋藻粉等，成虾可投喂人工配合饲料，或以人工配合饲料为主，辅以动物、植物碎屑，也可直接投喂豆类、谷类、粮食加工余渣类、蔬菜类、无毒草类、螺肉、蚯蚓、蚌肉、蚬肉、死鱼、动物内脏、蚕蛹等饲料，都是其酷爱的食物。在养殖生产中，种植水草可以大大节约养殖成本。

水草是小龙虾不可缺少的营养源。已知水草的茎叶中往往富含维生素 C、维生素 E、维生素 D 等，这些可以补充投喂谷物和劣质配合饲料时多种维生素的不足。此外，水草中还含有丰富的钙、磷和多种微量元素，其中钙的含量尤其突出。水草中通常含有 1%左右的粗纤维，有助于小龙虾对多种食物的消化和吸收。在 20～25℃，小龙虾摄食眼子菜昼夜可达自身体重的 3.2%，摄食竹叶菜可达 2.6%、水花生可达 1.1%、豆饼可达 1.2%、人工配合饲料可达 2.8%，摄食鱼肉可达 4.9%，而摄食水蚯蚓高达 14.8%（表 1-2）。

表 1-2　小龙虾对各种食物的摄食率

	名称	摄食率/%
植物	眼子菜	3.2
	竹叶菜	2.6
	水花生	1.1
	苏丹草	0.7
动物	水蚯蚓	14.8
	鱼肉	4.9
饲料	配合饲料	2.8
	豆饼	1.2

引自：魏青山，1985。

小龙虾的摄食具有明显的节律性。在<100 勒克斯的弱光条件下，雌、雄小龙虾具有明显的摄食节律，并且不受性别的影响。小龙虾在 18:00～19:00 摄食量最高；其次为 19:00～20:00 和 14:00～15:00；小龙虾在其他时段摄食较少。但小龙虾摄食无明显

的昼夜节律。

小龙虾的摄食种类没有表现出明显的季节变化，但是摄食强度季节性特征明显。摄食强度以春、夏季为最高，摄食率均达到100%，食物充塞度在3级（含）以上的胃的比例分别达到了83.4%和76.7%；秋季次之，摄食率为93%，3级（含）以上的胃占62%；冬季最低，摄食率仅为38%，3级（含）以上的胃占10%（表1-3、表1-4）。

表1-3 小龙虾的各种食物在不同季节的出现频率/%

食物类群	春	夏	秋	冬
大型水生植物	100	100	100	100
有机碎屑	100	100	100	100
藻类	71.1	53.3	42.2	55.6
浮游动物	6.7	0	11.1	4.4
轮虫	4.4	0	0	0
水生昆虫	20	8.9	5.6	0
寡毛类	0	0	6.7	4.4
虾类	0	8.9	2.2	0

表1-4 小龙虾胃充塞度的季节变化

季节	各级充塞度的胃所占比例/%				
	0级	1级	2级	3级	4级
春季	0.0	3.3	13.3	31.7	51.7
夏季	0.0	3.3	20.0	48.4	28.3
秋季	1.0	25.0	12.0	32.0	30.0
冬季	60	20.0	10.0	7.0	3.0

小龙虾具有较强的耐饥饿能力，一般能耐饿3～5天；秋冬季节一般20～30天不进食也不会饿死。摄食的最适温度为18～26℃；水温低于15℃活动减弱；水温低于10℃或超过35℃，摄食明显减少；目前很多专家认为水温在8℃以下时，小龙虾进入越冬期，停止摄食，笔者在生产中发现，小龙虾幼虾在冬季仍然摄食生长。

2007年10月30日至2008年4月24日，淮安市水产科学研究所进行了小龙虾苗种冬季培育试验，共计放养 52.8 万尾，培育成 3 厘米以上幼虾 32.5 万尾，成活率达 61.6%。本试验表明：在最寒冷的 12 月、1 月、2 月，小龙虾仍能缓慢生长（表 1-5）。

表 1-5 小龙虾稚虾冬季放养及生长测定结果

类别 / 池别	放养			生长测定(平均体长)/厘米					存塘量测算/万尾
	时间	数量/万尾	规格/厘米	12 月 13 日	1 月 5 日	2 月 10 日	3 月 24 日	4 月 24 日	
14 #	10.30	21.2	0.78	1.62	1.69	2.24	2.55	3.51	14.2
15 #	11.1	31.6	0.88	1.2	1.53	2.22	2.45	3.16	18.3
合计		52.8							32.5

四、蜕壳与生长

蜕壳是小龙虾生长、发育、增重和繁殖的重要标志。每一次蜕壳，身体的生长就产生一次飞跃。因此，小龙虾的个体增长在外形上并不连续，呈阶梯形，每蜕一次皮，上一个台阶。蜕皮周期可分为蜕皮、蜕皮后、蜕皮间和蜕皮前。国外也有学者将蜕皮后期分为软壳期和薄壳期，将其蜕皮周期分为蜕皮间期、蜕皮前期、蜕皮期、软壳期和薄壳期五个阶段。在自然水体里，幼虾经过 3～5 个月的生长能达到 50 克左右，长度可达到 5.5～12 厘米。幼虾脱离母体后，很快进入第 1 次蜕皮，换上柔软多皱的新皮，并迅速吸水增长，此乃生长蜕皮，由幼虾到成虾共蜕皮 11 次。和甲壳类动物不同的是，小龙虾无生殖蜕皮现象。

小龙虾的蜕壳与水温、营养及个体发育密切相关。幼体一般 4～6 天蜕壳一次，离开母体进入开放水域的幼虾每 5～8 天蜕壳一次，后期幼虾的蜕壳间隔一般 8～20 天。水温高，食物充足，发育阶段早，则蜕壳间隔短，反之则长。

蜕壳时间大多在夜晚，在人工养殖情况下，有时白天也见其蜕壳。虾要蜕壳时，先是体液浓度增加，接着虾体侧卧，腹肢间歇性地缓缓滑动，随后虾体急剧屈伸，将头胸甲与第一腹节背面交接处的关节膜裂开，再经几次突然性的连续跳动，新体就从裂缝中爬出，整个蜕壳过程完成。这个阶段持续时间几分钟到几十分钟不等。体格健壮的小龙虾蜕壳时间相对较短，新体壳于12～24小时后硬化。

小龙虾雄虾寿命为3～4年，雌虾寿命为4～5年。

五、繁殖习性

1. 性成熟年龄

小龙虾雄虾性成熟年龄为0.7年，雌虾性成熟年龄为0.8年。

2. 自然性比

在自然界，小龙虾的雌雄比例是不同的，根据舒新亚等人的研究表明：在全长3.0～8.0厘米中，雌性多于雄性，其中雌性占比51.5%，雄性占比48.5%，雌雄比例为1.06∶1；在8.1～13.5厘米中，也是雌性多于雄性，其中雌性占比55.9%，雄性占比44.1%，雌雄比例为1.27∶1；在其他个体中，则雄性占大多数。

3. 雌雄鉴别

小龙虾雌雄异体，两性在外形上各有自己的特征，具体鉴别方法见表1-6。

表1-6 小龙虾雌雄特性比较

特性	雄虾	雌虾
个体	大	小
疣点	有	一部分有
疣点颜色	红色	淡红色
生殖孔	生于第5对步足基部	生于第3对步足基部
抱卵腔	无	有

4. 性腺发育

(1) 雄性生殖系统　雄虾精巢1对，位于头胸部胃的后方、心脏之前、肝胰脏之上。输精管开口于第五步足基部内侧。在输精管的远端，许多精子在输精管内并不相互分离，而攒集成簇，外包薄膜，形成精荚，呈管状。精荚在雌雄交配时通过交接器输送到雌虾的纳精囊内。小龙虾的精子为无鞭毛精子。

(2) 精巢的大小和颜色　小龙虾精巢的大小和颜色随着繁殖季

节的到来而变化：未成熟精巢呈白色细线状，成熟的精巢呈淡黄色的纺锤形，后者体积较前者大数倍到数十倍不等。

（3）精巢的组织学分期　龚世园、何绪刚（2011）将小龙虾的精巢发育分为五期（表 1-7）。

表 1-7　小龙虾的精巢发育分期

精巢发育时期	精巢外观
Ⅰ期	白色，细长条形，精巢前端为小球形
Ⅱ期	精巢大部分呈白色，精巢呈前粗后细的细棒状
Ⅲ期	精巢呈淡青色、圆棒状。精小管中存在少量精子
Ⅳ期	精巢体积最大，呈淡黄色，形状呈圆棒形或圆锥形，精小管中充满大量成熟精子
Ⅴ期	精巢体积明显比Ⅳ期小，精巢内存有少量精子

（4）精巢的周年发育变化　小龙虾精巢的发育具有明显的季节变化。在 12 月到翌年 2 月，精巢体积较小，颜色呈白色，靠近胃部的输精管末端的精巢为细条形，输精管也十分细小，管内以精原细胞为主。3～6 月，精巢体积逐渐增大，此时的精巢大部分为白色，形状为前粗后细的细棒状，输精管内以次级精母细胞为主，有的管内形成了精子。7～8 月，少数精巢的颜色变为成熟精巢特有的浅黄色，此时有一小部分虾开始抱对。8～9 月，精巢的体积最大，此时的精巢颜色变成了淡黄色或灰黄色，形状则变成了非常饱满的圆锥形，输精管变得粗大，里面充满了大量成熟的精子，此时大量的虾开始抱对、交配。

（5）繁殖期精巢发育与体长、体重的关系　小龙虾繁殖期精巢发育与体长、体重之间存在关系（表 1-8、表 1-9）。

从表 1-8 中可以看出：在繁殖季节（7～10 月），随机挑选的 170 尾雄性小龙虾中，精巢发育处于Ⅰ期的虾的体长分布范围为 5.1～9.0 厘米，其中体长 5.1～6.0 厘米和 6.1～7.0 厘米的虾所占百分比一样多，均为 8.57%。该阶段内，体长最短的为 5.4 厘米，体长最长的为 8.2 厘米。精巢发育处于Ⅱ期的虾的体长分布范围较Ⅰ期有较大的变化，以 6.1～7.0 厘米范围的虾居多，其次为

表 1-8 小龙虾精巢发育与体长之间的关系/%

精巢分期	体长/厘米			
	5.1～6.0	6.1～7.0	7.1～8.0	8.1～9.0
Ⅰ	8.57	8.57	2.86	1.43
Ⅱ	4.29	21.43	15.71	1.43
Ⅲ	2.86	5.71	10	1.43
Ⅳ	0	1.43	5.71	1.43
Ⅴ	0	0	5.71	1.43

表 1-9 小龙虾精巢发育与体重之间的关系/%

精巢分期	体重/克				
	≤10.00	10.01～20.00	20.01～30.00	30.01～40.00	≥40.01
Ⅰ	4.29	10	4.29	2.86	0
Ⅱ	8.57	18.55	8.57	5.71	1.43
Ⅲ	1.43	10	2.86	5.71	0
Ⅳ	0	0	4.29	2.86	1.43
Ⅴ	0	0	2.86	2.86	1.43

7.1～8.0 厘米，该阶段内，体长最短的为 5.4 厘米，体长最长的为 8.1 厘米。精巢发育处于Ⅲ期的虾的体长分布范围，以 7.1～8.0 厘米范围的虾居多，其次为 6.1～7.0 厘米，该阶段内，体长最短的为 5.7 厘米，体长最长的为 8.5 厘米。精巢发育处于Ⅳ期的虾群中，体长 6.1～7.0 厘米和体长 8.1～9.0 厘米的虾所占的比例一样，均为 1.43%，而体长在 7.1～8.0 厘米范围的虾居多，未见到有体长小于 6.0 厘米的虾，其中体长最短的为 7.0 厘米，体长最长的为 8.2 厘米。精巢发育处于Ⅴ期的虾群中以 7.1～8.0 厘米范围的虾最多，达到 5.71%，其次为 8.1～9.0 厘米，达到 1.43%。

从表 1-9 中可以看出，在繁殖季节（7～10 月），随机挑选的 170 尾雄性小龙虾中，精巢处于Ⅳ、Ⅴ期的虾，其主要集中在体重 20.01～30.00 克，其次是在 30.01～40.00 克；在成熟精巢的虾中未见到体重小于 20.00 克的虾。精巢处于Ⅰ、Ⅱ期的虾中，其主要集中在体重 10.01～20.00 克。综合表 1-8 和表 1-9 得出：在繁殖季节，体长在 7.1～8.0 厘米和体重在 20.01～30.00 克之间的雄性小龙虾精巢发育最好。

（6）雌性生殖系统　雌虾卵巢 1 对，位置同精巢。卵巢前部左右愈合，后部分成两叶，中部两侧各引出一条输卵管，分别汇集开口于第五步足基部内侧。雌虾性成熟年龄为 0.8 年。每年卵巢发育成熟 1 次，产卵 1 次，根据卵巢颜色变化、外观特征、性腺成熟系数（GSI）和组织特征，赵维信等（1999）将小龙虾卵巢发育分成 7 个时期，即未发育期、发育早期、卵黄发生前期、卵黄发生期、成熟期、产卵后期和恢复期。其中，卵黄发生期又分为初级卵黄发生期和次级卵黄发生期，产卵后期分为抱卵虾期和抱仔虾期（表 1-10）。

表 1-10　小龙虾的卵巢发育分期

卵巢发育时期	卵巢外观
1. 未发育期	白色透明，尚未见卵粒
2. 发育早期	白色半透明的细小卵粒
3. 卵黄发生前期	均匀的灰黄色至黄色卵粒，卵径 10～300 微米
4. 卵黄发生期	
初级卵黄发生期	黄色至深黄色卵粒，卵径 250～500 微米
次级卵黄发生期	黄褐色至深褐色卵粒，卵径 450 微米～1.6 毫米
5. 成熟期	深褐色卵粒，卵径 1.5 毫米以上
6. 产卵后期	
抱卵虾期	产卵后卵巢内残存有粉红色至黄褐色的卵粒
抱仔虾期	白色透明，不见卵粒
7. 恢复期	白色半透明的细小卵粒

吕建林（2006）认为小龙虾卵巢的成熟系数在繁殖季节（7～10 月）明显在逐渐增大，在 7 月份时，小龙虾的卵巢成熟系数为 $(1.17\pm0.83)\%$，8 月份是为 $(2.04\pm1.30)\%$，到了 9 月份，成熟系数更是增大到 $(5.32\pm2.30)\%$；而在这段时期内，卵巢的颜色也由浅黄色转变为红褐色。小龙虾在繁殖期间（7～10 月），其卵巢发育程度与体长、体重之间存在着一定的关系（表 1-11、表 1-12）。

表 1-11 小龙虾卵巢发育与体长之间的关系/%

卵巢分期	体长/厘米					
	≤5.0	5.1～6.0	6.1～7.0	7.1～8.0	8.1～9.0	≥9.1
Ⅰ	0.56	6.67	8.88	4.44	1.11	0
Ⅱ	0.56	2.78	7.78	5.56	1.11	0
Ⅲ	0	1.67	5.56	1.11	0.56	0
Ⅳ	0	0	3.33	3.33	0	0.56
Ⅴ	0	0	9.44	13.33	17.22	4.44

表 1-12 小龙虾卵巢发育与体重之间的关系/%

卵巢分期	体重/克				
	≤10.00	10.01～20.00	20.01～30.00	30.01～40.00	≥40.01
Ⅰ	7.81	20.31	1.56	0	0
Ⅱ	4.69	14.06	4.69	1.56	0
Ⅲ	1.56	12.50	3.13	1.56	1.56
Ⅳ	0	1.56	9.38	3.13	0
Ⅴ	0	1.56	4.69	4.69	0

在繁殖季节7～10月，随机挑选的180尾雌性小龙虾中，卵巢发育处于Ⅰ期的虾的体长分布范围为5.0～9.0厘米，其中以体长6.1～7.0厘米的虾居多，其次为5.1～6.0厘米，未见有体长超过9.1厘米的虾；其相应的体重为10.01～20.00克之间的虾最多，其次为10.00克以下和20.01～30.00克的虾，未见到体重超过30.01克的虾；Ⅱ期卵巢的虾中，以6.1～7.0厘米的虾居多；其次为7.1～8.0厘米，未见有体长超过9.1厘米的虾；其相应的体重为10.01～20.00克之间的虾最多，其次为10.00克以下和20.01～30.00克的虾，该期存在各种体重的虾；Ⅲ期卵巢的虾中，以6.1～7.0厘米的虾居多，未见有体长小于5.0厘米和超过9.1厘米的虾；其相应的体重为10.01～20.00克之间的虾最多，其次为20.01～30.00克和10.00克以下的虾，未见到体重超过40.01克的虾；Ⅳ期卵巢的虾中，体长为6.1～7.0厘米和体长为7.1～

8.0 厘米的虾所占的比例一样，未见有体长小于 6.0 厘米和体长分布在 8.1～9.0 厘米阶段的虾；其相应的体重为 20.01～30.00 克的虾最多，其次为 30.01～40.00 克的虾，未见到小于 10.00 克的虾和体重超过 40.01 克的虾；Ⅴ期卵巢的虾中，以 8.1～9.0 厘米的虾居多，其次为 7.1～8.0 厘米，未见到体长小于 6.0 厘米的虾；其相应的体重为 20.01～30.00 克和 30.01～40.00 克的虾较多，其次为 10.01～20.00 克的虾，未见到体重小于 10.00 克和超过 40.01 克的虾。综合表 1-11、表 1-12 可知，在繁殖季节，体长在 8.1～9.0 厘米、体重在 20.01～30.00 克之间的雌性小龙虾的卵巢发育最好。

小龙虾卵巢发育与体色之间也存在关系，表 1-13 显示出：卵巢繁育处于Ⅰ期的虾的体色大多数为青色，这些虾生长不到 1 年，体长主要集中在 5.0～7.0 厘米。最长和最短的体长分别为 6.9 厘米、5.0 厘米。卵巢发育较好的虾的体色绝大多数为黑红色，这些虾中有 1 年和 2 年的虾，虾的体长主要集中在 8.1～9.0 厘米。在具成熟卵巢的黑红色虾中，最长和最短的体长分别为 10.1 厘米、6.1 厘米；而对于卵巢成熟的青色虾，其最短体长为 6.4 厘米。

表 1-13　小龙虾卵巢发育程度与体色之间关系/%

卵巢分期	青色	黑红色	卵巢分期	青色	黑红色
Ⅰ	9.33	4	Ⅳ	0	12
Ⅱ	5.33	13.33	Ⅴ	1.33	42.68
Ⅲ	1.33	10.67			

（7）小龙虾的绝对繁殖力和相对繁殖力　小龙虾的绝对繁殖力就是单位个体卵巢发育处于沉积卵黄的第Ⅲ期和Ⅳ期的卵粒数量。小龙虾的相对繁殖力以卵巢发育处于沉积卵黄的第Ⅲ期和Ⅳ期的卵粒数量同体重（湿重）或体长的比值来表示。即 RF=卵粒数量/体重，或 RF=卵粒数量/体长。

龚世园、吕建林等（2008）认为：小龙虾的繁殖季节为 7～10 月，高峰时期为 8～9 月，在此期间，绝大部分的成年虾的卵巢处于Ⅳ期～Ⅴ期。小龙虾个体的绝对繁殖力的变动范围为 172～1158

粒，平均为517粒。个体相对繁殖力（F/W）的变动范围为2～41粒/克，平均为21粒/克，个体相对繁殖力（F/L）的变动范围为47～80粒/厘米，平均为63粒/厘米。一般情况下，个体长的虾的绝对繁殖力较个体短的虾要高；小龙虾的相对繁殖力F/L有随体长的增加而增加的趋势，而相对繁殖力F/W随着体重的增加反而减少。相对繁殖力F/W的变动幅度比相对繁殖力F/L要小些，小龙虾体长对繁殖力的影响明显大于体重对繁殖力的影响（表1-14）。

表1-14 小龙虾的绝对繁殖力与相对繁殖力

（引自龚世园、吕建林等，2008）

标本数/尾	体长/厘米	体重/克	F/粒		F/W/(粒/克)		F/L/(粒/厘米)	
			变幅	平均	变幅	平均	变幅	平均
2	5.5～5.9	9.6～11.3	254～392	323	27～37	32	46～66	56
23	6.0～6.9	7.2～24.1	200～495	376	15～34	25	27～113	58
56	7.0～7.9	13.3～31.5	181～829	469	11～36	20	23～105	63
14	8.1～8.8	14.9～40.0	244～1055	609	11～39	21	29～129	73
5	9.0～9.9	40.0～71.1	172～793	453	2～14	9	17～81	47
2	10.1～10.3	50.0～51.3	586～1158	872	12～23	18	58～112	80

（8）小龙虾周年卵巢颜色及卵径变化　在繁殖季节（7～10月）到来之前，小龙虾的卵粒数量先增后减。随着繁殖高峰期的过去，卵巢中卵粒直线下降，到了翌年的1月份，卵粒数量降至最低。与此同时，从3～9月份，卵粒的直径则逐渐增大，到9月份产卵时，卵径最大，随后卵径又逐渐减小。卵巢的颜色也随着月份、卵径的变化而变化，其颜色的变化依次为白色、浅黄色、金黄色、橘黄色和褐色。其卵巢颜色的变化依次代表卵巢发育的Ⅰ期到Ⅴ期，或者与卵巢发育分期所对应的卵巢成熟系数。小龙虾卵巢的成熟系数随着卵巢的发育而增大，在3月份，成熟系数仅为(0.2714±0.0157)%，到了繁殖季节的初期7月份，卵巢的成熟系数变为（1.1718±0.8289)%，到了繁殖季节的高峰期9月份，卵巢成熟系数变为最大（5.3241±2.2933)%，随着繁殖期的过去，其成熟系数降至翌年1月份的（0.3924±0.0168)%（表1-15）。

表 1-15 小龙虾周年卵巢颜色、卵径大小、卵粒数量变化表

月份	卵径/毫米	平均卵粒数/粒	卵粒颜色	平均成熟度/%
3	0.21～0.39	＜300	多为白色	0.2714±0.0157
4	0.28～0.50	628	多为白色,少数浅黄色	0.1590±0.0242
5	0.30～0.50	605	多为白色,少数浅黄色	0.2469±0.0427
6	0.29～0.68	509	多为白色,少数浅黄色	0.6279±0.2624
7	0.27～0.79	349	浅黄色,少数橘红色	1.1718±0.8289
8	0.51～0.88	351	浅黄色,少数橘红色	2.0443±1.2961
9	1.15～1.80	485	多数为橘红色或褐色	5.3241±2.2933
10	0.46～0.99	632	黄带褐色,少量为红色	1.2633±0.2692
11	0.34～0.77	478	白色中带黄色	0.4145±0.0755
12	0.38～0.91	401	白中带黄色	0.3718±0.0158
1	0.02～0.13	＜100	白色多	0.3924±0.0168
2	0.28～0.55	＜200	白色多	0.3974±0.0157
3	0.21～0.49	＜300	白色多	0.4234±0.0164

5. 交配

小龙虾 6～8 月性成熟，交配季节一般在 7～11 月，群体交配高峰期在 8～9 月。我们在实验中发现，水温低于 15℃，则停止交配。交配时，雄虾用螯足钳住雌虾的螯足，用步足抱住雌虾，将雌虾翻转侧卧。雄虾的钙质交接器与雌虾的储精囊连接，雄虾的精荚顺着交接器，进入雌虾的储精囊。1 尾雄虾可与 1 尾以上的雌虾交配，同样一对螯虾可以多次交配，交配时间短则 10 多分钟，长则可达 3.5 小时（彩图 3）。当雌虾不顺从时，则逃逸。在实践中发现，10 月份挑选的成熟雌虾大都交配过，因此，在实际生产过程中，若 10 月份以后选亲虾，雌雄比例可增大到 3∶1。

6. 产卵

小龙虾属一年产卵一次的类型。与其他虾类相比，小龙虾怀卵量较小，一般 100～1000 粒。小龙虾雌虾的产卵量随个体长度的增长而增大。据有关资料显示：体长 5.5～5.9 厘米虾的平均产卵量为 323 粒，体长 6.0～6.9 厘米虾的平均产卵量为 376 粒，体长

7.0～7.9厘米虾的平均产卵量为469粒，体长8.1～8.8厘米虾的平均产卵量为609粒，体长9.0～9.9厘米虾的平均产卵量为453粒，体长10.1～10.3厘米虾的平均产卵量为872粒。

7. 受精卵孵化

雌虾刚产出的卵为暗褐色，卵径约1.6毫米。受精卵被胶质状物质包裹着（彩图4），像葡萄一样黏附在雌虾的游泳肢上。雌虾游泳肢不停地摆动以保证受精卵孵化所需的溶解氧，同时保持卵处于湿润状态。受精卵的孵化一方面依赖母体，另一方面环境因子对它也有很大的影响，特别是温度。李庭古研究发现，小龙虾受精卵孵化时间跟温度密切相关。在17～30℃水温条件下，随着温度的升高，受精卵孵化的时间越短，水温高于30℃，虽然胚胎发育快，但由于水温太高，对亲虾的生理机制有伤害。低于20℃胚胎发育时间长，孵化率低，24～30℃水温条件下，受精卵孵化快，孵化率也高。同时李庭古还发现，即使同一水温组的亲虾，受精卵的孵化情况也不尽相同。个体大的亲虾，受精卵在孵化过程中死亡率也低。这可能是，个体大且壮实的亲虾适应力和免疫力都比个体小的亲虾强。

日本学者Tetsuya Suko对小龙虾受精卵的孵化进行了研究，提出在7℃水温的条件下，受精卵的孵化约需150天；在15℃水温条件下，受精卵的孵化约需46天；在22℃的水温条件下，受精卵的孵化约需19天。

朱玉芳、崔勇华进行了小龙虾抱卵与非抱卵孵化的比较研究。研究表明，从卵、幼虾在两种情况下呈现的孵化、生长差异来看，抱卵虾（彩图5）的孵化率远高于非抱卵虾，抱卵虾的生长快于非抱卵虾。

小龙虾的胚胎发育共分为12期：受精期、卵裂期、囊胚期、原肠前期、半圆形内胚层沟期、圆形内胚层沟期、原肠后期、无节幼体前期、无节幼体后期、前蚤状幼体期、蚤状幼体期、后蚤状幼体期。经过5天开始蜕皮，整个蜕皮时间约为1小时。

小龙虾受精卵的颜色随胚胎发育的进程而变化，从刚受精时的棕色，到发育过程中的棕色夹杂着黄色、黄色夹杂着黑色，最后完全变成黑色，孵化时一部分为黑色，一部分无色透明。

8. 幼体发育

小龙虾的全部体节在卵内发育时已经形成，孵化后不再新增体节，幼体孵化时，具备了终末体形，与成体无多大区别，仅缺少一些附肢而已。刚出膜的幼体为末期幼体，也称为第 1 龄幼体，以后每蜕一次皮为一个龄期。第一次蜕皮后的幼体称第 2 龄幼体，第二次蜕皮后的称第 3 龄幼体，以此类推。从幼体到成体共需蜕皮 11 次。郭晓鸣认为第 3 龄幼体已基本完成了外部结构的发育，卵黄完全被吸收，开始自由活动地摄食。因此，前 3 龄为幼体发育阶段，从第 4 龄起划分为幼虾发育阶段。

（1）1 龄幼体　全长约 5 毫米，体重为 4.68 毫克。幼体头胸甲占整个身体的 1/2，复眼一对，无眼柄，不能转动；胸肢透明，与成体一样均为 5 对；腹肢 4 对，较成体少 1 对；尾部具有成体形态。1 龄幼体经过 4 天发育开始蜕皮，整个蜕皮时间约为 10 小时。

（2）2 龄幼体　全长约 7 毫米，体重为 6 毫克。经过第一次蜕皮和发育后，2 龄幼体可以爬行。头胸甲由透明转为青绿色，可以看见卵黄囊呈“U”形，复眼开始长出部分眼柄，具有摄食能力。2 龄幼体经过 5 天开始蜕皮，整个蜕皮时间约为 1 小时。

（3）3 龄幼体　全长约 10 毫米，体重为 14.2 毫克。头胸甲的形态已经成型，眼柄继续发育，且内外侧不对等，第一胸甲——螯钳能自由张合进行捕食和抵御小型生物。仍可见消化肠道，腹肢可以在水中自由摆动。3 龄幼体经过 4～5 天开始蜕皮，整个蜕皮时间约为 2 分钟。

（4）4 龄幼体　全长约 11.5 毫米，体重为 19.5 毫克。眼柄发育已基本成型。第一胸足变得粗大，看不到消化道。4 龄幼体已经可以捕食比它小的 1 龄幼体、2 龄幼体了，此时的幼体开始进入幼虾发育阶段。

第三节　国内外小龙虾研究概况

一、国外研究进展

前苏联对小龙虾的养殖研究比较早，在 20 世纪初就开始了小龙虾的养殖试验，20 世纪 30 年代对大湖泊实施虾苗人工放流，20 世纪 60 年代工厂化育苗试验成功，为小龙虾的示范推广提供了充足的苗种来源。

美国是小龙虾养殖最早的国家，虾稻连作是美国的主要养殖模式，但虾苗均来源于天然亲虾的自繁。

澳大利亚是近 20 年来小龙虾养殖发展最快的国家，它们主要是利用本地产的小龙虾资源，养殖方式主要有三种模式：一是湖泊、水库、沼泽地的粗放养殖，不需要人工投喂，进行简单粗放管理即可，平均单产为每亩（1 亩≈667 米^2）25 千克左右；二是池塘精养，需要投入较高的资金，需要人为投喂和科学的管理，经济效益显著，平均单产每亩达 200～250 千克；三是采用封闭系统超强化人工养殖，主要是全温控制养殖和水泥池流水养殖，产量极高。目前澳大利亚有 300 多家养殖场，据相关资料报道，2007 年它的年产量已经突破 6200 吨。

二、国内研究进展

我国的小龙虾养殖始于 20 世纪 90 年代，目前国内养殖较好的地区是湖北省潜江市（主要利用低洼稻田进行连作式养殖），养殖产量通常在 100～150 千克/亩。江苏省的养殖模式较多，主要有池塘主养、虾蟹混养、湖滩地养殖、鱼种塘套养、稻田养殖、柴滩地养殖和茭白、藕、水芹菜等水生经济作物田（池）轮作养殖等方式，这些养殖方式操作简便、成本较低，易推广应用。

我国的小龙虾苗种人工繁殖工作始于 2000 年，江苏、安徽、湖北、上海的水产科技工作者先后开展了室外土池及工厂化苗种繁育技术研究。2005 年，湖北省水产科学研究所取得室外规模化人工繁殖的突破，繁殖小龙虾苗近 100 万尾；2007 年，淮安市水产科学研究所在工厂化苗种繁育方面取得突破，在人为控制条件下，700 米^2 的小龙虾产卵池共生产抱卵虾 6053 只，抱卵率达 81.3%。在控温条件下对不离体的受精卵进行人工孵化，共生产 0.6～1.2 厘米/尾稚虾 71.52 万尾，平均孵化率达 81.6%。2009 年，江苏省淡水水产研究所进一步优化了土池苗种繁育技术，生产小龙虾苗种达 18 万尾/亩。

第四节 发展小龙虾养殖产业的意义

一、利用价值

1. 食用价值

小龙虾肉质鲜美，高蛋白、低脂肪、营养丰富，是深受国内外消费者喜爱的一种水产品。小龙虾鲜虾肉中蛋白质占18.9%、脂肪占1.6%；干虾中蛋白质含量占50%，其中氨基酸占77.2%、脂肪占0.29%。富含人体必需的8种氨基酸，尤其富含幼儿生长发育所必需的组氨酸，占体重5%的肝胰脏即“虾黄”更是营养佳品，它含有大量的不饱和脂肪酸、游离氨基酸和硒等微量元素以及维生素A、维生素C、维生素D等，是典型的健康食品。小龙虾的营养成分含量详见表1-16。

表1-16 小龙虾每100克鲜虾肉营养成分比例

营养成分	占比/%	营养成分	占比/%
蛋白质	18.9	灰分	16.8
脂肪	1.6	矿物质	6.6
几丁质	2.1		

2. 药用价值

小龙虾中含有丰富的镁，镁对心脏活动具有重要的调节作用，能很好地保护心血管系统，它可减少血液中的胆固醇含量，防止动脉硬化，同时还能扩张冠状动脉，有利于预防高血压及心肌梗死；小龙虾的通乳作用较强，并且富含磷、钙，对小儿、孕妇尤有补益功效；小龙虾体内的虾青素有助于消除因时差反应而产生的“时差症”；小龙虾还有化痰止咳、促进手术后的伤口生肌愈合作用。

日本大阪大学的科学家最近发现，小龙虾适宜肾虚阳痿、男性不育症、腰脚无力患者食用；适宜小儿正在出麻疹、水痘之时服食；适宜中老年人缺钙所致的小腿抽筋者食用；宿疾者、正值上火之时不宜食虾；患过敏性鼻炎、支气管炎、反复发作性过敏性皮炎的老年人不宜吃虾。虾为痛风发物，患有皮肤疥癣者忌食。

3. 饲料原料

小龙虾除去甲壳后，其他部分是鱼类重要的饲料来源。20世纪八九十年代，小龙虾价格相对低廉，许多河蟹养殖户往往将小龙虾当做河蟹的重要饲料来源。

4. 工业价值

目前，我国小龙虾的加工产品主要为虾仁、虾球及整肢虾，特别是虾仁、虾球的加工，留下大量的如虾头、虾壳等废弃物。研究表明：每只小龙虾的可食比率为20%～30%，剩余70%～80%的部分（主要为虾头、虾壳）可作为化学工业原料进行开发利用。其衍生的高附加值产品有近100项，转化增值的直接效益将超过上千亿元。在虾头和虾壳里，富含地球上第二大再生资源——甲壳素以及虾青素、虾红素及其衍生物。甲壳素除了具有降血脂、降血糖、降血压三项生物功能以外，大量国外医学文献报告：甲壳素具有抑制癌、瘤细胞转移，提高人体免疫力及护肝解毒作用。尤其适用于糖尿病、肝肾病、高血压、肥胖等症患者，有利于预防癌细胞病变和辅助放、化疗治疗肿瘤疾病。天然虾青素（红素）是世界上最强的天然抗氧化剂，能有效清除细胞内的氧自由基，增强细胞再生能力，维持机体平衡和减少衰老细胞的堆积，由内而外保护细胞和DNA的健康，从而保护皮肤健康，促进毛发生长，抗衰老、缓解运动疲劳、增强活力。此外，虾壳还可用于制作生物柴油催化剂，产品出口美洲、欧洲。

二、效益分析

小龙虾养殖的经济效益由于地区经济的原因，江苏、浙江、湖北、安徽等地各有差异，本分析是对2013年江苏省淮安市开展200亩小龙虾养殖经济效益进行分析。

1. 池塘主养模式

（1）支出

① 池塘租金　800元/亩×200亩＝160000元

② 防逃网费用　150元/亩×200亩＝30000元

③ 种虾费用　8000只/亩×200亩÷500只/千克×18元/千克＝57600元

④ 饲料费　150千克/亩×200亩×0.8×4.2元/千克＝100800元

⑤ 水电费　150 元/亩×200 亩=30000 元
⑥ 人员工资　25000 元/人×8 人=200000 元
⑦ 药物费用　150 元/亩×200 亩=30000 元
⑧ 花、白鲢鱼种费用　12.5 千克/亩×200 亩×7 元/千克=17500 元
⑨ 水草费用　5000 元

合计：63.09 万元

（2）收入

① 成虾收入　150 千克/亩×200 亩×32 元/千克=96 万元
② 成鱼收入　100 千克/亩×200 亩×6 元/千克=12 万元

合计：108 万元

（3）利润　44.91 万元

2. 虾、蟹混养模式

（1）支出

① 池塘租金　800 元/亩×200 亩=160000 元
② 防逃网费用　150 元/亩×200 亩=30000 元
③ 种虾费用　3000 只/亩×200 亩÷500 只/千克×18 元/千克=21600 元
④ 种蟹费用　600 只/亩×200 亩×0.3 元/只=36000 元
⑤ 饲料费　50 千克/亩×200 亩×2×6.5 元/千克=130000 元
⑥ 水电费　150 元/亩×200 亩=30000 元
⑦ 人员工资　25000 元/人×8 人=200000 元
⑧ 药物费用　150 元/亩×200 亩=30000 元
⑨ 鲢、鳙鱼种费用　12.5 千克/亩×200 亩×7 元/千克=17500 元
⑩ 水草费用　5000 元
⑪ 鳜鱼种费用　20 尾/亩×200 亩×1.5 元/尾=6000 元
⑫ 螺蛳费用　250 千克/亩×200 亩×1 元/千克=50000 元

合计：71.61 万元

（2）收入

① 成虾收入　60 千克/亩×200 亩×32 元/千克=38.4 万元
② 成蟹收入　55 千克/亩×200 亩×50 元/千克=55 万元
③ 成鱼收入　100 千克/亩×200 亩×6 元/千克+5.5 千克×200 亩×50 元/千克=17.5 万元

合计：110.9 万元

（3）利润　39.29 万元

从以上两种小龙虾养殖模式分析，小龙虾养殖投入相对较低，而产出相对较高。原因是近几年来，小龙虾价格一直呈上升趋势，特别是40克以上的大规格虾更是价格飙升。2013年，40克以上大规格虾价格为70～80元/千克。因此，养大虾成为小龙虾养殖的利润增长点。而河蟹价格波动较大，从一定程度上影响河蟹养殖效益。采用小龙虾与河蟹混养的模式有助于提高单位面积的产量，降低河蟹养殖的风险。

三、市场与展望

尽管小龙虾产业的迅猛发展，给一些从业者带来忧虑，担心重蹈其他水产品发展过快带来市场价格跳水的前车之鉴，那么小龙虾的发展前景究竟如何？笔者认为，无论从小龙虾发展的市场空间，还是小龙虾现有的产量状况，无论是小龙虾的产品特点，还是广大消费者的消费趋势，经过综合分析，不难得出结论，小龙虾的发展前景较为乐观。主要原因有以下几个方面。

1. 健康食品的属性决定了消费群体的广泛

随着人们消费水平的不断提高，消费观念也发生了前所未有的改变，已经由原来的“吃得饱”、“吃得好”转变为现在的“吃得健康”、“吃得安全”，大鱼大肉、山珍海味已经从我们的餐桌上逐步远离，营养全面、休闲有趣的食品越来越受到人们的欢迎，小龙虾正是符合了人们的现代消费需求。从蛋白质成分来看，小龙虾的蛋白质含量为18.9%，高于大多数的淡水和海水鱼虾，其氨基酸组成优于肉类，含有人体所必需的而体内又不能合成或合成量不足的8种必需氨基酸，不但包括异亮氨酸、色氨酸、赖氨酸、苯丙氨酸、缬氨酸和苏氨酸，而且还含有脊椎动物体内含量很少的精氨酸。另外，小龙虾还含有幼儿必需的组氨酸，小龙虾的脂肪含量仅为0.2%，不但比畜禽肉低得多，比青虾、对虾还低许多，而且其脂肪大多是由人体所必需的不饱和脂肪酸组成，易被人体消化和吸收，并且具有防止胆固醇在体内蓄积的作用。小龙虾和其他水产品一样，含有人体所必需的矿物质，其中含量较多的有钙、钠、钾、镁、磷，含量比较重要的有铁、硫、铜等。小龙虾中矿物质总量约为1.6%，其中钙、磷、钠及铁的含量都比一般畜禽肉高，也比对虾高。经常食用小龙虾肉可保持神经、肌肉的兴奋。此外，小龙虾个大肉少，不易吃饱，肢解有趣，吸吮有味，具备休闲食品的特征。由此可见，小龙虾普遍受到人们的青睐，也就不足为奇了，大至高档酒店，小至平常百姓，人人爱吃小龙虾，家家吃得起小龙虾，小龙虾的消费群体将始终保持不断扩张的发展势头。

2. 烹饪方式的多样破解了众口难调的难题

一直以来，由于受到传统饮食习惯的影响，自然界的不断进化，中国人的味觉器官似乎变得特别灵敏，加之中国地大物博，不同的民族和不同的区域各自形成了自己的饮食特点，因此也就有了众口难调的成语。小龙虾从当初的食之无味，到“十三香”的风声鹊起，一时间，以麻辣为主题的小龙虾菜肴充斥大江南北，让好辣者趋之若鹜、大快朵颐，使喜清淡者望之却步、叹无口福，消费群体受到了局限。聪明的小龙虾人及时发现了这一问题，经过不断地研究和挖掘，相继推出了蒜泥小龙虾、清蒸小龙虾、油焖大虾、红烧小龙虾、烧烤小龙虾等数十种菜肴，并根据不同地区人们的饮食习惯对应开发了以小龙虾为原料的不同菜肴，不仅丰富了小龙虾的烹饪方式，满足了不同对象的消费需求，而且为小龙虾的市场供应开辟了更为广阔的销售渠道。

3. 国际市场的衔接降低了市场单一的风险

小龙虾既不同于仅限于国内大宗水产品青鱼、草鱼、鲢、鳙、鲤、鲫、鳊，也不同于受限于东南亚的河蟹、鳖等特色水产品，它的最大优势之一就是属于世界性食品，尤其在欧美市场更是供不应求。目前，国内市场需求尚显不足，更是远远满足不了国际消费需求。欧美国家是小龙虾的主要消费国，年消费量达 12 万～16 万吨，而自给能力不足 30%。此外，欧美等国对小龙虾加工制品的进口需求量大，每年的市场需求量在 3 万吨左右，因为小龙虾国内市场的异常火爆，一直处于较高价位，以至于很多小龙虾加工出口企业由于原料不足而处于停产半停产状态。在美国，小龙虾不仅是重要的食用虾类，而且是垂钓的重要饵料，年消费量 6 万～8 万吨，其自给能力也不足 1/3。国际市场的大量需求，将有效化解国内市场单一的风险，为小龙虾产业的发展提供了广阔的市场空间。

4. 养殖规模的适度保证了市场供给的有序

由于受到市场的强烈刺激，经过近年来的不断挖掘，小龙虾的天然资源量日趋枯竭，各地纷纷采取了一系列的限制保护措施，小龙虾天然捕捞量逐年下降，对小龙虾的市场贡献率越来越低。近十几年来，小龙虾养殖发展速度较快，总体来看，养殖规模逐年扩大，养殖产量逐年增加，但我们也必须清醒地看到，近年来的相对增幅却在逐年降低，事实上，随着国家土地政策的紧缩，承租流转费用的增加，很大程度上限制了小龙虾养殖的发展空间，受到苗种来源、养殖技术的限制，相对其他养殖对象，小龙虾的养殖单产一直处在较低水平，在客观上限制了小龙虾养殖产量的上升。相对稳定的市场供给，保证了小龙虾公平合理的市场价格，从而保障了小龙虾产业的健康、有序发展。

5. 产品加工的精深克服了季节性强的局限

季节性较强是水产养殖的显著特点，喜欢鲜活是中国人普遍的消费习惯，正是这两大特征限制了水产品的常年均衡供应。与其他蟹、虾类水产品不同，小龙虾的暂养成本较低，技术要求不高，可以有效缓解集中上市带来的压力。更大的优势在于，小龙虾肉味鲜美，营养丰富，蛋白质含量达16%～20%，干虾米蛋白质含量高达50%以上，高于一般鱼类，超过鸡蛋的蛋白质含量。虾肉中锌、碘、硒等微量元素的含量也高于其他食品，且肌肉纤维细嫩，易于被人体消化吸收。小龙虾的加工技术十分成熟，无论是整肢真空包装，还是分解后的即食食品，都为消费者所喜闻乐见。不仅如此，从甲壳中还可提取甲壳素、几丁质和甲壳糖胺等工业原料，广泛应用于农业、食品、医药、烟草、造纸、印染、日化等领域，加工增值潜力很大，加工业的快速发展极大地缓解了小龙虾集中上市带来的压力。

6. 市场营销的成熟确立了销售渠道的畅通

近十年来，各地、各级政府纷纷瞄准小龙虾产业这一新的经济增长点，积极采取措施，本着“政府搭台、企业唱戏”、“政府引导、企业主导”的原则，通过出台各种优惠政策、建立高起点宣传平台、举办各类节庆活动、兴办大型交易市场、开办特色连锁餐厅、打造冷链物流一体化、搭建经纪人队伍、培训电子商务人才等多种形式，积极推动小龙虾产业发展。经过近年来的规范运作，小龙虾的市场流通已经日趋成熟，已经建立了产前、产中、产后综合服务体系，基本形成了从塘口到市场到餐桌的畅通快捷的营销系统。可以说，小龙虾产业已经发展成为一、二、三产业最为衔接、市场体系最为健全的渔业产业之一。

当然，任何一个行业都有一个从不成熟到成熟的过程，小龙虾行业也不例外。随着小龙虾产业从苗种到养殖技术的不断完善，小龙虾养殖也将面临竞争，从 2013 年开始大规格小龙虾价格飙升已露出竞争的端倪，因此，未来小龙虾养殖必将以质优、大规格取胜。

尽管小龙虾产业取得了突飞猛进的发展，但在发展过程中依然存在着种苗供不应求、生产水平不平衡、养殖基础条件差、技术和服务滞后、精深加工能力不足等问题，制约着小龙虾产业的发展。为促进小龙虾产业的健康快速发展，应着重抓好以下工作。

一是促进养殖规模化。要统筹规划，通过加大政策扶持和资金投入力度，因地制宜推广土地季节性流转和适度规模经营，逐步完善水、电、路等公共配套设施建设，促进小龙虾养殖上规模、上档次。大力推广稻虾连作、虾蟹混养、莲藕池养殖、精养池专养和鳖池混养等多种模式。

二是推进生产标准化。在建设标准较高、管理规范的小龙虾人工繁育基地，有效解决小龙虾规模化养殖的苗种供应问题。同时完善相关配套技术，并形成技术规范；开展科技攻关，着力解决苗种、病害、技术等问题，提高单位面积产量，选育优良品种和优质种苗；大力推行标准化生产，普及生态健康养殖。尤其是做好小龙虾病害防控，实行全程质量监控，确保产品质量。

三是引导经营产业化。应按照贸工渔、产学研相结合的思路，通过推进产业结构战略性调整，按照市场规律的原则，按照“壮一接二连三”的总体要求，不断整合资金、技术和管理资源，完善冷链物流的有效衔接，切实减少中间环节，重点搞好养殖基地与加工企业的对接，拉紧产业链条。大力培植小龙虾加工龙头企业，加快技术装备的升级改造，加快新产品的研发，进一步提高其辐射、示范、带动功能，以龙头企业为支撑，发展订单养殖生产。同时，最大限度地开发小龙虾潜在价值，开展小龙虾深度精细加工和综合利用，力争实行产业化经营，把小龙虾产业做大做强。

四是实行销售品牌化。鼓励和扶持各类小龙虾生产、加工、销售等专业经济合作组织发展，通过规范运作、强化服务等手段提高小龙虾发展的组织化程度，按照市场化、产业化的要求和市场规律的要求，强化品牌意识，实施精品名牌战略，积极创建并重点打造小龙虾品牌。加大扶持、整合力度，扩大规模，不断拓展营销空间，提升产品附加值，将资金、技术等要素向品牌产品集聚，通过品牌建设工程，带动小龙虾产业上档次、上水平，提高市场占有率和竞争力，做大做强小龙虾产业。

第二章
小龙虾苗种生产技术

水产品养殖大都具有繁殖、苗种培育、成品养殖等较完整的产业链，只有各环节专业化、规模化生产，产业发展才能健康。其中，苗种的生产与供应更是支撑一个品种养殖产业发展必不可少的环节，小龙虾也不例外。因此，我们应该充分认识小龙虾苗种生产与供应对小龙虾养殖产业发展的重要性，积极开发小龙虾苗种的生产技术，建立可靠的小龙虾苗种供应体系。

目前，小龙虾苗种生产尚未受到养殖户普遍重视。这是因为小龙虾具有特殊的繁殖习性，它可以自然产卵、孵化，也可以在任何养殖设施中繁育后代，并且具有短暂的护幼习性，个体繁殖成活率较高，所以，江河湖泊、坑塘沟渠都可以见到小龙虾的踪影，造成了小龙虾繁殖能力强的印象。也正因为这样，目前，养殖户除首次养殖外购苗种外，主要依靠养殖池成熟小龙虾自繁自育，解决苗种供应问题。这种苗种生产方法，小龙虾繁殖活动的时间和空间分散度高，繁殖后代规格不齐、收集难度大，数量难以掌握。生产上，即使在小龙虾苗种出现的旺季，部分养殖户的小龙虾繁殖数量不足，无苗可养，而另一些养殖户在塘苗种数量过多，捕不出，卖不了。这种状况导致了小龙虾养殖生产的计划性较差，养殖效益不稳定。对小龙虾繁殖能力强的这种错误认识，导致了养殖户对小龙虾苗种生产重视不够，小龙虾苗种生产与供应体系严重不健全。

因此，小龙虾苗种生产，不是简单的繁殖问题，而是要针对小龙虾特殊的繁殖习性，采取针对性措施，实现苗种生产规模化的问题。因为只有苗种生产实现了有计划、大批量，小龙虾成虾养殖才能做到有计划、规模化。小龙虾的苗种规模化生产具有以下意义。

（1）可提高幼虾放养成活率　目前，养殖户采购的小龙虾苗种主要有两个来源：一是养殖户依靠在塘成虾自繁自育；二是捕捞专业户抓捕的野生苗种。这两个渠道的小龙虾苗种非常零散，经多个环节倒运，虾体损伤严重，放养成活率很低，成活率一般不超过50%。苗种生产规模化后，捕捞、运输更专业，倒运的环节也少，成活率自然大幅度提高。

(2) 苗种规格整齐　规模化生产，必然要有专门的繁育设施，优越的繁殖条件提高了亲虾性腺发育的同步性，促进了小龙虾苗种生产工作的批量化，生产出的苗种规格相对整齐。整齐的苗种可以使成虾养殖的相互残杀率低，产量、效益更有保证。

(3) 养殖模式多样化　小龙虾可与水稻、水芹、荷藕田养殖配套，也可以与鱼种轮养、小龙虾多茬养殖等。如水稻栽插和鱼种培育都在每年的6月上旬，11月至翌年6月之间，稻田和池塘都可以开展小龙虾养殖，有针对性地开展苗种生产，可以保证这种养殖模式的苗种供应，做到水稻、鱼种和小龙虾生产两不误、双丰收。

(4) 有利于养殖计划和销售计划的制订　依靠小龙虾自繁自养的传统养殖模式，小龙虾苗种密度难以把握。养殖密度低则产量低，养殖密度过高则养成的商品虾规格偏小。由于虾苗数量不易把握，因此，在饲料投喂和产品的销售上也难以制订出准确的生产计划，销售工作更是无从把握。

(5) 养殖池生态环境容易控制　苗种的规模化生产，为成虾池塘有计划的放养提供了可能，人为控制放苗时间和数量，可以为水草提供较长的生长时间，控制小龙虾对水草的损害；池中水草茂盛，生态优越，小龙虾生产成本降低，养殖成活率和产量都有了保障。传统养殖池塘中，几代小龙虾同池，池中水草嫩芽可能被大量摄食，水草生长不良使养殖生产需要投入更多的饲料，养殖成本增加；水草少，也使生态环境容易恶化，自相残杀率高，管理难度大，养殖产量难以提高。

同样是虾类养殖产业，小龙虾养殖产业的发展也应该突破苗种规模化生产这个瓶颈。罗氏沼虾、南美白对虾苗种已经实现了工厂化大规模生产，青虾苗种可以在土池条件下实现规模化供应。小龙虾的繁殖习性特殊，抱卵量小，又有打洞、护幼的习性，要想实现小龙虾苗种的规模化生产必须依靠大量小龙虾亲本和适宜的繁殖条件。因此，无论是工厂化设施，还是普通池塘，都应该针对小龙虾的繁殖习性，创造适合于开展小龙虾苗种规模化生产的条件，再采取有针对性的繁育措施，才能实现小龙虾苗种的规模化生产与供应。

笔者综合各地科技工作者和养殖户对小龙虾苗种规模化生产的探索、研究成果，结合本地区小龙虾苗种规模化生产经验，总结形成了小龙虾苗种规模化生产技术，现介绍如下。

第一节　小龙虾规模化繁育技术

小龙虾性腺发育成熟至Ⅴ期后，卵子即从第三对步足基部的生殖孔排出，经第四、第五步足间纳精囊精子授精成为受精卵，受精卵黏附于腹部的游泳肢上，经雌虾精心孵化直接破膜成为和成虾体形接近的幼体，再经2～3次蜕壳后离开母体独立生活。小龙虾1年产卵1次。性成熟的雌、雄虾于每年的7～8月大量交配，交配时间可持续几分钟至几个小时。每年9～10月雌虾产卵，最初的受精卵颜色为暗褐色，雌虾抱卵期间，第1对步足常伸入卵块之间清除杂质和坏死卵，游泳肢经常摆动以带动水流使卵获得充足的溶解氧。孵化时间与水温密切相关，在溶解氧含量、透明度等水质因素适宜时，水温越高，孵化期越短，一般需2～11周。32℃以上，受精卵发育受阻。抱卵量随亲虾大小而异，个体大的抱卵多，个体小的抱卵就少，变幅在100～1200粒之间，平均约400粒，因此，小龙虾个体生产后代的数量较少。但由于雌亲虾对受精卵和刚孵化出的仔虾的精心呵护，小龙虾胚胎和仔虾可以适应不良环境，广泛分布，这也正是自然界小龙虾自引进后，迅速扩散到我国绝大部分地区，甚至成为鱼类养殖水体的公害的原因。

自然状态下的小龙虾分散繁殖行为，有助于小龙虾广泛扩散，但对规模化的成虾养殖起不到作用，甚至还会因为这种分散的、无法控制的繁殖行为给养殖生产造成麻烦。为了实现小龙虾养殖生产的可控性和有计划性，必须解决小龙虾苗种生产的规模化。

小龙虾特殊的繁殖特性决定了小龙虾苗种规模化生产技术和罗

氏沼虾、青虾等其他甲壳类繁殖技术不同。充分利用小龙虾雌亲虾呵护后代的天性，人为构建适宜小龙虾雌亲虾产卵和抱卵虾生活或受精卵集中孵化的设施环境，创造优越的水质、溶解氧、光照等环境条件，就可以实现小龙虾苗种的规模化人工繁育。根据小龙虾的繁殖习性，人工繁育工作分成两个阶段，一是小龙虾的抱卵虾的生产；另一个是抱卵虾饲养或受精卵集中孵化。

一、抱卵虾生产

在自然界中，小龙虾的产卵过程是在洞穴中完成的，但洞穴并不是小龙虾雌亲虾产卵的必要条件。试验证明，当卵巢发育到Ⅴ期后，即使没有安静的洞穴，小龙虾雌亲虾也能正常排卵，卵子也能正常受精，因此，规模化的苗种生产中，小龙虾的抱卵虾生产方式可因繁育设施的不同分为两种。

1. 洞穴产卵

利用自然界小龙虾正常的繁殖习性，在繁育池塘中人为地增加适宜小龙虾打洞的池埂面积，扩大亲虾的栖息面，增加小龙虾亲虾的投放数量，实现小龙虾苗种生产的规模化。主要技术措施有以下三点。

(1) 人造洞穴　在繁育池中，沿池塘长边建短埂，以木棍在正常水位线上 15 厘米高度向下戳洞，洞口直径 5 厘米，洞的深度 25～30 厘米，洞与洞的距离不小于 30 厘米，这些人工洞穴，可以节省小龙虾打洞的体力消耗，尤其适合于 9 月下旬后放养的小龙虾亲虾。

(2) 亲虾投放　我国幅员辽阔，各地气候差异很大，小龙虾的繁殖季节因气候的不同也有差异，苏、皖地区一般于每年的 8 月中旬开始发现小龙虾产卵。因此，亲虾投放时间可从 8 月初开始，直到 10 月中旬为止，放养密度为 2～5 只/米^2，沿人工洞穴近水处均匀放养。

(3) 水位管理　有两种做法：一是保持水位，整个繁殖期水位保持在初始高度，小龙虾在同层洞穴中栖息并完成产卵。由于环境优越且不受干扰，抱卵虾出现的时间较集中，受精卵孵化较快，一般能在冬前完成小龙虾的产卵和孵化过程。因此，生产的苗种个体大，规格相对整齐。二是分层降低水位，亲虾按计划放入池塘后，成熟度较好的亲虾首先在正常水位线上打洞产卵，降低水位至正常水位线下 40 厘米左右，保持水位至气温下降至 15℃时，此时后成熟的小龙虾再次打洞产卵。随着气温的降低，进一步缓慢降低水位，直至基本排干（低凹处存水），逐步恶化的环境迫使小龙虾打洞穴居全部进入冬眠；越冬期间保持池底低凹处有积水，池坡虾洞集中区域用稻草等进行保温覆盖；翌年开春水温上升至 12℃后，逐步进水至所有虾洞以上，迫使亲虾出洞；出洞的雌亲虾或带受精卵或携带仔虾，从而完成小龙虾的苗种生产任务。这种水位控制方法，抱卵虾出现的时间跨度较长，生产苗种的时间较晚，规格小而不齐，但苗种生产量较高，也有人为控制出苗时间的作用。

2. 非洞穴产卵

繁殖季节打洞，并于洞中产卵，虽是小龙虾的自然繁殖习性，但在水泥池（彩图 6）或网箱等设施中，小龙虾无法打洞时，成熟的雌虾也能顺利产卵，且水泥池更利于抱卵虾的收集。因此，人工繁殖时，将成熟的小龙虾亲虾放入水泥池、网箱等便于收集抱卵虾的设施中，辅以优良的水质、溶解氧、光照等饲养条件，可以规模化生产小龙虾抱卵虾。

二、受精卵孵化管理

受精卵孵化工作决定着小龙虾苗种生产的结果，孵化率决定着苗种产出数量，孵化时间决定着苗种供应时间及规格，受精卵的孵化是小龙虾苗种生产最重要的环节，必须高度重视。小龙虾受精卵黏附于雌亲虾的游泳肢上，其孵化进程与结果，除和其他鱼、虾的受精卵一样受温度、溶解氧等环境因子控制外，还受雌亲虾本身孵化行为的影响。因此，做好小龙虾受精卵的孵化工作，既要创建受精卵所需要的环境条件，又要满足雌亲虾的生存和生活需要。

1. 自然孵化

这种孵化方式，是指在自然温度下，由抱卵虾依靠其天然护卵、护幼的习性，将受精卵孵化成仔虾的孵化行为。自然条件下，受精卵的孵化主要是由雌亲虾携带在洞穴中完成，由于孵化时间较长，雌亲虾除偶尔出洞觅食之外，大部分时间都在不断地划动游泳肢，带动受精卵在水中来回摆动，既解决受精卵局部溶解氧不足的问题，又能及时清除坏死卵，因而孵化率较高。实际生产中，创造了雌亲虾优越的生活环境，雌亲虾的活力就强，腹部的受精卵自然就得到了雌亲虾的精心呵护，具体做法如下。

（1）保持水位稳定　大部分小龙虾的洞穴都分布在正常水位线上 30 厘米以内，洞口开于水位线以上，洞底通往水位线以下，洞穴始终处于半干半水状态，水位稳定，可以保护洞穴半干半水状态，促进受精卵的孵化进程。

（2）保持洞穴温度　冬季缺水季节，或为抑制受精卵孵化进程，有意识排干池水，小龙虾洞穴完全处于无水状态，越冬期间，受精卵和亲虾有可能因寒冷的天气而死亡。因此，应该在洞穴集中区覆盖草帘或堆放 5 厘米以上稻草等保温性好的秸秆，防止洞穴结冰引起抱卵虾死亡。

（3）保持良好的水质条件　在抱卵虾集中放养或者因水温控制不好，抱卵虾出洞栖息于池塘时，应特别重视抱卵虾优良生活环境的营造，其中水质调节最为重要，水质好，亲虾的活力就有保证，其护卵、护幼的天性才能正常发挥，受精卵的孵化率才高。

2. 控温孵化

小龙虾的受精卵的孵化进程受温度的影响最大，在适宜的温度范围内，温度越高孵化时间越短，温度越低孵化时间越长，最长的孵化时间可达数月，这也是第二年春季还会出现大量抱卵虾的主要原因。日本学者 Tetsuya Suko 专门就温度对小龙虾受精卵的孵化时间的影响做过研究，认为在适宜的温度范围内，受精卵孵化所经历的时间和温度升高呈正向线性关系。因此，在工厂化繁育设施中，人为提高孵化温度，可以加快受精卵孵化速度，实现苗种繁育的有计划性（彩图 7、彩图 8、彩图 9）。小龙虾受精卵孵化进程与温度的关系见表 2-1。

表 2-1　小龙虾受精卵在不同温度下孵化所经历的时间

温度/℃	7	15	20	22	24	26	30	32
历时天数/天	150	46	44	19	15	14	7	死亡

三、苗种培育

刚脱离母体的仔虾，体长10～12毫米，虽然已可以独立觅食，但活动半径较小，对摄食的饵料大小、品种都有特殊的要求，此时最适口的饵料是枝角类等浮游动物、小型底栖的水生昆虫、水丝蚓等环节动物以及着生藻类和有机碎屑等。因为仔虾个体太小，还会受到鱼类、虾类的捕食。因此，直接放入池塘进行成虾养殖，成活率较低。为提高小龙虾苗种的成活率，设立小龙虾幼虾强化培育池，创造优越的幼虾生长环境，精心投喂，短时间内将幼虾标粗到4厘米以上，对提高小龙虾苗种成活率、缩短成虾养殖时间，促进成虾提早上市，具有重要的生产意义。

1. 培育池准备

（1）培育池选择　培育池可以是土池也可以是水泥池或密眼网箱等，大小视各地现有条件因地制宜地确定，一般土池要求在3～5亩之间，水泥池、网箱在20～50米^{2}之间。土池要求池底平坦，池埂坡比不小于1∶2，池水深度50～80厘米；池塘长方形，呈东西向设置，池塘宽度不超过40米（彩图10）。

（2）彻底清塘　创造洁净的培育池环境，是提高苗种培育成活率的关键环节。土池彻底清塘的方法是将水进至最高水位，用速灭杀丁等药物将存塘的小龙虾全部杀灭，再将水排干，用生石灰等高效消毒剂进行干法清塘。在修整池埂的同时，将池底暴晒数日；水泥池用高锰酸钾消毒后备用。

2. 环境营造

（1）移植水草　水草是小龙虾栖息生长的基本条件，既可供幼虾隐蔽、栖息，又可供其摄食，还能净化水质，可促进幼虾成活率和生长速度的提高。“虾多少，看水草”，丰富的水草可以营造培育池立体的养殖环境。幼虾培育时间主要集中在晚秋或早春时节，此时的水温较低，池塘移植水草品种最好是适宜在低温生长的伊乐藻、眼子菜，水草移栽应于幼虾下塘前完成，移栽面积占池塘面积的60%～70%。水泥池或网箱培育池也要移植水草，适宜的品种有水花生和伊乐藻；无法移植时，水平或垂直挂一些网片，或用竹席平行搭设数个平台，以利于虾的栖息，能提高幼虾成活率（彩图

11、彩图 12、彩图 13）。

（2）微孔增氧　幼虾放养密度较高，随着剩余饲料的增加、水草的生长，培育池可能会出现缺氧，设置微孔增氧设施，可以有效防止幼虾因缺氧而造成损失（彩图 14）。

3. 施肥

移栽水草的同时，按每亩施入发酵好的有机肥 300～500 千克，既可以促进水草生长，又可以培育幼虾适口的天然饵料，提高仔虾的放养成活率，节省饲料投入。施肥时，可以将有机肥埋于水草根部，也可以在池塘四周近水处分散堆放，保证肥力缓慢释放，使透明度不低于 40 厘米。用土池繁育池直接进行苗种强化培育时，应视水质情况，可以在放苗前 1 周，补施有机肥 200～300 千克/亩；水泥池可以用无机肥适当肥水培育浮游生物，或引入池塘水使池水透明度在 30～40 厘米。

4. 仔虾放养

土池繁育池依靠自然温度孵化虾苗，开展幼虾培育时，只需将产后亲虾捕出，对在塘仔虾数量进行估算，可以就原塘进行幼虾的强化培育。仔虾数量特别多，每亩超过 30 万只以上时，需将多出的仔虾分出，然后再进行正常的培育工作。而工厂化育苗一般都进行了加温，应将孵化出的仔虾连培育池水降温至自然水温，然后通过收集、包装、运输（彩图 15）至已准备好的苗种培育池或成虾养殖塘。放养量应按放养计划确定，放养时要像放养其他虾苗一样，做好水温、水质适应处理工作。

（1）放养时间　小龙虾受精卵孵化出苗时间主要集中在每年的 9～11 月份，此时气温和水温逐渐降低。因此，9 月中旬前出膜的仔虾可以选择早晨太阳出来之前放养，中、后期可以选择在中午水温相对较高时放养。

（2）仔虾放养及数量估测

① 幼虾放养数量　培育池的放养数量视培育条件而定，条件好的土池放养量为 20 万～30 万只/亩，水泥池生态环境条件不如土池，应适当降低放养密度，每平方米不超过 150 只。

② 仔虾数量估测　专塘繁育数量估算：小龙虾的仔虾不像罗氏沼虾虾苗那样浮游在水体中，而是比较均匀地分布在培育池池底

和各种附着物上，捕捞的难度较大。因此，常采取繁育池原池幼虾培育。池中仔虾数量由抱卵虾数量和受精卵的孵化率决定，生产上应对在塘仔虾数量进行估算，做到有计划地培育。估测的方法是在培育池不同部位选点，抽样检查单位面积内仔虾数量，再根据培育池有效水体推算在塘仔虾数。单位面积的仔虾数量，可以通过定制网具的设置获得。成虾池自繁自育数量估算：利用成虾池预留亲虾繁殖幼虾，解决下一年小龙虾苗种时，也必须对在塘仔虾数量进行较为准确的估测，估测方法同上，数量超过计划放养数量时，应想方设法捕捞出多余的虾苗，数量不足时，应从其他渠道补足数量，防止在塘幼虾数量不足，给后续苗种培育和成虾养殖工作带来被动。建议用这种方法解决成虾养殖苗种问题的仔虾数量控制在 1 万～2 万尾/亩。

5. 饲养管理

小龙虾幼虾生长速度较快。试验证实，越冬期间，小龙虾的幼虾也能蜕壳生长，11 月 9 日放养的小龙虾仔虾（平均规格在 1.5 厘米/只），翌年 3 月 30 日抽查时平均规格达到 3.1 厘米/只；适宜的温度下，小龙虾的幼虾生长更快，水温在 18～26℃之间，大棚土池中的小龙虾幼虾（1 厘米左右），经 25 天强化培育，体长达到 12 厘米。快速生长的基础是优良的生态环境和充足的营养积累，小龙虾苗种培育应做好下列工作。

（1）饲料选择与投喂

① 饲料选择　小龙虾属杂食性动物，自然状态下，各种鲜嫩水草、底栖动物、大型浮游动物及各种鱼虾尸体都是其喜食的饵料。鲜嫩水草主要为移植、种植的适宜小龙虾摄食的伊乐藻、轮叶黑藻以及水浮莲、水葫芦、水花生等；动物性饵料有小杂鱼、螺蚌肉、蚕蛹、蚯蚓等；小龙虾对人工饲料如各种饼粕、米糠、麸皮等同样喜食，也可直接投喂专用配合饵料。不管是何种饲料，都要求饵料综合蛋白质含量在 30%以上。由于幼虾的摄食能力和成虾尚有区别，投喂的饲料需经粉碎或绞碎后再投喂。幼虾培育的前期，投喂黄豆浆、豆粕浆效果更好。

② 投喂方法　小龙虾具有占地习性，其游泳能力差，活动范围较小，幼虾的活动半径更小。因此，幼虾培育期的饲料投喂要特

别重视，要遵循三个原则：一是遍撒，由于小龙虾幼虾在培育池中分布广泛，饲料投喂必须做到全池泼洒，满足每个角落幼虾摄食需要；二是优质，优质的饲料，可以促进幼虾快速生长，幼虾培育期适当搭配动物性饲料，既可以满足幼虾对优质蛋白需求，也可以减少幼虾的相互残杀，添加比例应不少于30%；三是足量，幼虾的活动半径小，摄食量又小，因此，前期的饲料投喂量应足够大，一般每亩每天投喂2～3千克饲料，后期随着幼虾觅食能力增强，可按在塘幼虾重量的10%～15%投喂，具体投喂量视日常观察情况及时调整，保持每天有不超过5%的剩料为好。投喂时间以傍晚为主，占日投量的70%～80%，上午投料占20%～30%。如果是10月中下旬孵化出仔虾，冬前不能分养，越冬期间也要适量投喂，一般是一周投喂一次。

（2）水质调节　随着饲料的投喂，剩余饲料和小龙虾的粪便越积越多，水质将不可避免地恶化，必须重视水质的调节。池塘条件下，除采取移栽水草调节水质外，还要定期使用有益微生物制剂，保持培育水体“肥、活、嫩、爽”的基本养殖条件。在有外源清洁水源时，也可以每周换水一次，每次换水1/5左右。要定期监测水质指标，pH值低于7时，及时采用生石灰调节，保证养殖水体呈弱碱性。以水泥池作为培育池时，水质更容易恶化，换水是防止水质变坏的主要方法，有流水条件的，可以保持微流水培育，但要避免水位和水质过大的变动，保持相对稳定的环境。

（3）病害预防　幼虾培育期间，水温较低，培育池环境又是重新营造，只要定期使用微生物制剂，一般疾病较少；但要防止小杂鱼等敌害生物的侵害，因此，进水或换水时必须用40目筛绢布过滤，严防任何吃食性鱼类进入培育水体。

（4）日常管理　坚持每天巡塘，发现问题及时处理。幼虾培育方式不同，日常管理的方法有所区别。池塘条件下，主要防止缺氧和敌害生物的侵害；工厂化条件下，主要是防止水质恶化，保持氧气、水流设备正常运行。应认真登记幼虾培育的管理日志。

第二节　土池苗种规模化生产技术

一、繁育池构建苗种繁殖池要求

1. 繁育池选择

小龙虾繁殖池地点选择应视繁殖池用途而定。专业化的小龙虾繁育场，要求交通便利，水源洁净、丰富，土质为壤土或黏土，繁殖场与养成集中区相对分离，具有独立的进排水系统；养殖户为成虾养殖池设立的配套繁育池，应该建设在养殖区靠近居住地处，可以是在养殖池一角围成的小池塘，面积约占养殖池面积的十分之一，也可以和成虾养殖池分列，面积也应达到成虾养殖池的十分之一。繁育池和养成池一样，必须设置防逃板。

2. 池塘准备

小龙虾苗种繁育池塘宜小不宜大，面积一般为 2～5 亩，水深 0.8～1.2 米，集中连片的小龙虾繁殖池进、排水道应分别设置，池中淤泥厚度不大于 15 厘米，池底平坦，池埂坡比不小于 1∶1.5。为了使池塘具有更好的小龙虾苗种生产能力，池塘可以做以下改造。

（1）增加亲虾栖息面　自然界中，小龙虾繁殖活动大多在洞穴中完成，而洞穴主要分布于池塘水位线上 30 厘米以内，因此，增加池塘圩埂长度，可以提高小龙虾亲虾放养数量，从而增加普通池塘的苗种生产能力。方法是在池塘长边上，每隔 20 米沿池塘短边方向筑土埂一条，新筑土埂比池塘短边短 3～5 米，土埂高为正常水位线上 40 厘米，土埂顶宽为 2～3 米，土埂两边坡度不小于 1∶1.5。同一池塘的相邻短埂应分别设置在两条长边上，保证进水时水流呈“S”型流动；相邻池塘的短埂尽可能相连，便于后期的饲养管理。

（2）铺设微孔增氧设施　池塘微孔增氧技术是近几年来围绕“底充式增氧”涌现出的一项新技术，其原理是通过铺设在池塘底部的管道或纳米曝气管上的微孔，以空气压缩机为动力，将洁净空气与养殖水体充分混合，达到对养殖水体增氧的目的。这种增氧方式，改变了传统的增氧模式，变一点增氧为全面增氧，改上层增氧为底层增氧，对养殖对象扰动小，更好地改善了池塘养殖环境尤其是底环境的溶解氧水平，优化了水产养殖池塘的生态环境。小龙虾苗种繁育池塘塘小、草多、水浅，不适合传统水面增氧机的使用。由于虾苗密度普遍较高，因此，虾苗专门繁育池塘铺设微孔增氧设施作用更大。

池塘底部微孔增氧设备主要由增氧机（空气压缩机）、主送气管、分送气管和曝氧管组成。管道的具体分布视池塘布局和计划繁苗密度等具体情况而定。繁育池如采取了增加土埂的改造，曝气管宜采用长条式设置；未作改造或池塘较大，曝气管可采用“非”字型设置或采用圆形纳米增氧盘以增加供氧效果。

二、生态环境营造

小龙虾苗种的规模化生产和其他水产苗种生产一样，也需要优越的环境条件，除要求池塘大小、深浅适宜外，还要求有丰富的水生植物、大量的有机碎屑及良好的微生态环境。因此，亲虾放养前，繁育池应做好以下工作。

1. 清塘

小龙虾的繁殖盛期在每年的9～11月份，为了不影响小龙虾亲虾的产卵，尽可能保证受精卵冬前孵化出苗，小龙虾繁育池清塘时间应选择在每年的8月初。先将池水排干，暴晒一周以上，再用生石灰、二氧化氯等消毒剂全池泼洒消毒，彻底杀灭小杂鱼、寄生虫等敌害生物，7～10天后加水20～30厘米，进水时用60目筛绢网过滤，确保进水时不混入野杂鱼及其鱼卵。为保证繁殖池原有小龙虾也被清除干净，降水清塘前，可先将池水加至正常水位线以上30厘米，再用速灭杀丁等菊酯类药物将池中和洞中原有小龙虾杀灭，再用上述方法清塘，清塘效果更好。需要注意的是菊酯类药物使用后，药效持续时间较长，一般需1个月才能完全降解，因此，必须使用时，应在降水清塘前20天使用。

2. 栽草

水草既是小龙虾的主要饵料来源，也是其隐蔽、栖息的重要场所，还是保持虾池优越生态环境的主要生产者。虾苗繁育池的单位水体的计划繁苗量较大，更需要高度重视水草栽培。适宜移栽的沉水植物有伊乐藻、轮叶黑藻、苦草；漂浮植物有水花生、水葫芦等，其中，伊乐藻应用效果最好。伊乐藻原产美洲，与黑藻、苦草同属水鳖科沉水植物，20 世纪 90 年代经中国科学院南京地理与湖泊研究所从日本引进。该品种营养丰富，干物质占 8.23%、粗蛋白为 2.1%、粗脂肪为 0.19%、无氮浸出物为 2.53%、粗灰分为 1.52%、粗纤维为 1.9%。其茎叶和根须中富含维生素 C、维生素 E 和维生素 B_{12} 等，还含有丰富的钙、磷和多种微量元素，其中钙的含量尤为突出。伊乐藻具有鲜、嫩、脆的特点，是小龙虾优良的天然饵料，移栽伊乐藻的虾塘，可节约精饲料 30%左右。此外，伊乐藻不仅可以靠光合作用释放大量的氧气，还可大量吸收水中氨态氮、二氧化碳等有害物质，对稳定 pH 值、增加水体透明度、促进蜕壳、提高饲料利用率、改善品质等都有着重要意义。

伊乐藻适应力极强。只要水上无冰即可栽培，气温在 5℃以上即可生长，在寒冷的冬季也能以营养体越冬，因此，该草最适宜小龙虾繁殖池移栽。在池塘消毒、进水后，将截成 15～30 厘米长的伊乐藻营养体，5～8 株为一簇，按每平方米 2～3 簇的密度栽插于池塘中，横竖成行，保证水草完全长成后，池水仍有一定的流动性。池塘淤泥少，或刚开挖的池塘，栽插每簇伊乐藻时，先预埋有机肥 200～400 克，伊乐藻生长效果将更好，伊乐藻移栽的时间最好不晚于 10 月上旬。

如果没有伊乐藻，也可选用轮叶黑藻，每年的 12 月到翌年 3 月是轮叶黑藻芽苞的播种期。应选择晴天播种，播种前池水加注新水 10 厘米，每亩用种 500～1000 克，播种时应按行、株距 50 厘米将芽苞 3～5 粒插入泥中，或者拌泥土撒播。当水温升至 15℃时，5～10 天开始发芽，出苗率可达 95%。

此外，水花生、水葫芦可以作为沉水植物不足时的替代水草，但它们不耐严寒，江苏、安徽以北地区的水葫芦，冬季要采用塑料大棚保温才能顺利越冬，水葫芦诱捕虾苗的作用较大，应提前做好保种准备。

总之，移栽水草，使水草覆盖面达到整个水面的2/3左右，是营造小龙虾苗种繁育池良好生态环境的关键措施，也是土池小龙虾苗种繁育成功的重要保障。

3. 施肥

小龙虾受精卵孵化出膜后经2次蜕皮后即具备小龙虾成虾的外形和生活能力，可以离开母体独立生活。因此，小龙虾繁育池在苗种孵化出来后应准备好充足的适口饵料。自然界中，小龙虾苗种阶段的适口饵料主要有枝角类、桡足类等浮游动物和水蚯蚓等小型环节动物，以及水生植物的嫩茎叶、有机碎屑等，其中有机碎屑是小龙虾苗种生长阶段的主要食物来源。因此，小龙虾繁育池应该高度重视施肥工作。

小龙虾繁育池采用的肥料主要是各种有机肥，其中规模化畜禽养殖场的下脚料最好，这类粪肥施入水体后，除可以培育大量的浮游动物、水蚯蚓外，未被养殖消化吸收的配合饲料，可以直接被小龙虾苗种摄食利用，进一步提高了饲料的利用效率。

土池小龙虾繁育池施肥方法有两种：一种是将腐熟的有机肥分散浅埋于水草根部，促进水草生长的同时培育水质；另一种是将肥料分散堆放于池塘四周，通过肥水促进水草生长。后一种施肥方法要防止水质过肥引起水体透明度太小而影响水草的光合作用，导致水草死亡。肥料使用量为300～500千克/亩。将陆生饲料草、水花生等打成草浆全池泼洒，可以部分代替肥料，更大的作用是增加了小龙虾繁育池的有机碎屑的含量，可以大大提高小龙虾苗种培育的成活率。

4. 微生态制剂使用

小龙虾繁育池使用的有机肥及虾苗孵化出来后投喂的未被食用的饲料很容易造成池塘水质的恶化，定期使用微生态制剂，可以避免虾苗池水质的恶化。小龙虾繁育池常用的微生态制剂是光合细菌。使用光合细菌的适宜水温为15～40℃、最适水温为28～36℃，因而宜掌握在水温20℃以上时使用，阴雨天光合作用弱时不要使用。使用时应注意以下几个方面。

（1）根据水质肥瘦情况使用　水肥时施用光合细菌可促进有机

污染物的转化，避免有害物质积累，改善水体环境和培育天然饵料，增加水体溶解氧；水瘦时应先施肥满足小龙虾苗种对天然饵料的需求，再使用光合细菌防止水质恶化。此外，酸性水体不利于光合细菌的生长，应先施用生石灰，调节 pH 值后再使用光合细菌。

（2）酌量使用　光合细菌在水温达 20℃以上时使用，调节水质的效果明显。使用时，先将光合细菌按 5～10 克/米^3 用量拌肥泥均匀撒于虾池中，以后每隔 20 天用 2～10 克/米^3 光合细菌兑水全池泼洒；也可以将光合细菌按饲料投喂量的 1%拌入饲料直接投喂；疾病防治时，可定期连续使用，每次用光合细菌水剂 5～10 毫升/米^3 兑水全池泼洒。

（3）避免与消毒杀菌剂混施　光合细菌制剂是活体细菌，任何杀菌药物对它都有杀灭作用。因此，使用光合细菌的池塘不可使用任何消毒杀菌剂，必须使用水体消毒剂时，须在消毒剂使用 3 天后再使用光合细菌。

三、亲虾选择与放养

1. 亲虾选择

（1）雌雄鉴别　小龙虾的雌雄很好分辨，雄虾个体较大，螯足粗壮，螯足两端外侧各有一明亮的红色软疣，腹部狭小，生殖孔开口于第 5 对步足基部，第五步足后的游泳足钙化为硬质交接器；雌虾螯足较小，无软疣或软疣颜色较浅，生殖孔是一对明显的暗色圆孔，开口于第 3 对步足基部（彩图 16、彩图 17）。

（2）亲虾选择标准　用于人工繁育的亲虾应是性腺发育好、成熟度高的当年虾，因为这种虾生命力旺盛，每克体重平均产卵量高，相对繁殖力强，成熟的亲虾应具备以下标准。

① 个体大，雌虾体重应在 35 克以上，雄虾体重应在 40 克以上。

② 颜色深，成熟的亲虾颜色暗红色或黑红色，体表无附着物，色泽鲜亮。

③ 附肢完整，用于繁殖的亲虾都要求附肢齐全、无损伤，体格健壮，活动敏捷。

（3）亲虾来源　繁殖用的小龙虾以本场专池培育为佳。亲虾应就近采购，避免长途运输。为防止近亲繁殖，生产上应有意识地将不同水域培育的雌雄虾配对，放入同一池塘繁育小龙虾苗种。

（4）雌雄配比　小龙虾发育成熟后即可交配繁殖，交配行为与环境变化有很大关联性，新环境中雌雄交配频率较高，一只雌虾可与多只雄虾交配，一只雄虾也可与多只雄虾交配，交配时两虾腹部紧贴，雄虾将乳白色透明精荚射出，精荚附着于雌虾第四和第五对步足之间的纳精囊中，雌虾产卵时卵子通过纳精囊时受精。因此，繁殖用的小龙虾亲虾中，雄虾数量可以适当减少，一般雌雄比例为（2～3）：1。如果在9月下旬～10月上旬才投放成熟小龙虾亲虾繁育苗种，可以将雄虾放养比例进一步降低，甚至可以不投放雄虾，雌虾产卵和卵子受精率几乎无影响。

2. 亲虾运输与放养

小龙虾的血液即是体液，呈无色透明状，由血浆、血细胞组成，血液中的血蓝素的成分中含有铜元素，小龙虾血液与氧气结合后呈现蓝色。小龙虾血液的特殊性和其相对坚硬的甲壳，使小龙虾受伤后外表症状不明显。目前大部分养殖户不重视小龙虾的运输和放养，结果造成小龙虾运输后放养成活率较低，小龙虾亲虾甲壳虽然比苗种更坚硬，但由于承担繁殖使命需要更强的体力，必须重视亲虾的运输与放养技术。

（1）亲虾运输　小龙虾亲虾的运输一般采取干法运输，即将挑选好的小龙虾亲虾放入特制的虾篓中离水运输（彩图18）。小龙虾亲虾的选择一般在每年的8～9月，此时，气温、水温都较高，运送亲虾应选择凉爽天气清晨进行，从捕捞开始到亲虾放养的整个过程都应该轻拿轻放，避免相互碰撞和挤压。运输工具以方形的专用虾篓为好，虾篓底部铺垫水草；亲虾最好单层摆放，多层放置的高度不超过15厘米，以免压伤；运输途中保持车厢内空气湿润，尽量缩短离水时间，快装快运。

（2）亲虾放养　亲虾运送至繁育池塘后，先将虾篓连同亲虾放入土池水体中反复浸泡2～3次，每次进水1分钟，出水搁置3～5分钟，保证亲虾完全适应繁育池的水质、水温；然后再将小龙虾亲虾放入浓度为3%的食盐水溶液中浸泡3～5分钟，以收敛伤口和杀灭有害病菌和寄生虫。亲虾放养密度视繁育条件而定，土池一般放养2～5只/米²。

四、亲虾强化培育

繁殖季节，小龙虾亲虾摄食量明显减小，如果再有人为干预，应激反应大，体能消耗较严重，常常造成抱卵虾死亡。因此，繁殖之前的亲虾培育至关重要。构建优良的小龙虾繁育环境，适当投饵是提高亲虾放养成活率，促进亲虾顺利交配、产卵和受精卵孵化的关键。

1. 土池环境的优化

小龙虾特殊的栖息习性决定了小龙虾集中捕捞难度较大，其掘洞繁殖特性，又会造成人工繁殖阶段的小龙虾亲虾大量死亡。因此，在人工繁育小龙虾苗种时，当发育成熟的小龙虾亲虾被挑选出来后，应尽可能减少中间环节，尽快直接放入充分准备好的繁育池塘。这就要求繁育环境特别优越。如何开展池塘繁育环境的优化，前面已有叙述。小龙虾亲虾放养前的繁育池塘，应满足：光照强度在300～800勒克斯之间，溶解氧不低于5毫克/升，氨态氮不超过0.1毫克/升，亚硝态氮不超过0.01毫克/升。

2. 饲料及投喂

小龙虾繁殖期间摄食量虽然小，但还是要适量投饵。适宜的亲虾饵料有新鲜的螺蚌肉、剁碎的小杂鱼、水草（如伊乐藻）、豆饼、麸皮等，其中以不易腐败的螺蚌肉等动物性饵料为好。投喂量为亲虾体重的1%左右，傍晚一次性投喂。

3. 水质控制

由于小龙虾繁育池放养密度较高，亲虾死亡在所难免，加上剩饵、粪便的不断积聚，繁育池水质容易恶化。因此，必须高度重视小龙虾繁育池的水质管理工作。防止水质变化的措施有：一是通过换水或水循环设备使繁育池池水流动起来，流动的水可以使繁育池整体环境更稳定；二是加强水质监测，及时开动增氧设施；三是定期使用有益微生物制剂，以人为干预的方法维持繁育土池有益微生物占据优势种群，保证良好的繁育生态环境。

4. 日常管理

主要做好“三勤三防”工作，勤换水可以防止水质变坏，繁育池塘要根据水质情况每5～7天换水10%；勤清死虾、剩饵可防止病菌传播，减少环境负担；勤巡池可以防止鼠害、小龙虾逃逸事件发生，及时发现问题，便于提早采取措施。

五、亲虾池的冬季管理

专门开展苗种繁育的土池中，小龙虾亲虾随着气温的降低，陆续进入洞穴越冬。冬季池塘中，既有洞穴中的抱卵虾或将要产卵的亲虾，也有已经孵化出膜并离开母体的幼虾，还有产后亲虾，应该有针对性地做好管理工作，提高幼虾和抱卵虾的存活率。

1. 保持适度肥水，稳定透明度

冬季，提高土池中幼虾存活率的主要措施是保持池水适当的肥度，培养和维持土池应有的饵料生物数量。保持适当肥水应重视两个关键点。

（1）施肥时机把握 冬季水温低，各种细菌活动减缓，有机肥料分解成营养元素肥水的作用微弱或停止，大量投放有机肥，不仅不能起到肥水的作用，还可能造成春季水质太肥，各种有害物质含量太高。因此，要想保持土池冬季也能有满意的肥水，必须在细菌还有旺盛活动的水温下投放有机肥，苏、皖地区，一般在9月下旬至10月上旬之间投放有机肥。

（2）肥料品种和数量 鸡粪、猪粪、牛粪或其他品种有机肥，都含有各种营养元素，都可以起到肥水作用，但由于各种动物消化方式和能力的不同，这些动物的排泄物中所含的氮、磷、钾等营养元素的组成和含量各不相同，肥水效果差异较大。实践证明，规模化养猪场的猪粪肥效适中，小龙虾繁育池塘使用效果较好。使用猪粪肥水，既有肥水快、肥效持久的优点，又能避免透明度太小影响水草光合作用。在施用基肥的基础上，10月初视水色每亩追施150～200千克。采用兑水沿池边泼洒的方法，可以加快肥水速度。当然，使用粪肥必须提前发酵腐熟。

2. 维持洞穴温度，提高亲虾越冬成活率

冬季池塘的堤埂上有大量的亲虾洞穴，寒冷天气下越冬亲虾常常大量死亡。根据生产计划的不同，保证洞穴中的亲虾成活率的方法有两种，一种是提早育苗或正常育苗的池塘，应该保持池塘水位稳定，水位稳定的池塘，小龙虾亲虾冬眠的洞穴始终处在0℃以上，亲虾越冬成活率高；另一种是人为降低水位，推迟小龙虾繁育时间的池塘，应于气温降到0℃前，在小龙虾洞穴上覆盖稻草帘等柔软的植物秸秆，增加小龙虾洞穴的保温性，防止小龙虾在0℃以下时，因裸露在空气中而被冻死。完全排干池水的繁殖池还要防止老鼠、黄鼠狼侵害洞穴中的小龙虾。

六、亲虾池的春季管理

1. 适时调整水位

春季，当水温回升到10℃以上时，洞穴中的小龙虾逐渐苏醒，并陆续出洞觅食，尤其是栖息于水位线附近的小龙虾亲虾，首先感觉到温度变化并率先出洞生活。因此，可以根据苗种生产计划，有意识地加高池塘水位，逼迫小龙虾全部出洞，加快受精卵孵化进程；也可以降低水位，推迟小龙虾出洞生活，减缓受精卵孵化速度。专门的苗种繁育场，一般采用加高水位30厘米，并维持5～7天，这样育成的小龙虾苗种规格相对整齐；与荷藕池配套的池塘，一般是降低水位，人为制造池塘恶劣环境，延缓小龙虾受精卵孵化速度。

2. 提早投喂

越冬后期，水温逐渐上升，池中小龙虾幼虾活动增加，应根据池塘水色和幼虾密度，提早投喂人工配合饲料。一般水温达到9℃以上时，就可以少量投喂破碎的小龙虾幼虾饲料或白对虾幼虾饲料。投喂量以2～3天投喂1次，每亩池塘投喂1.5～2千克。水温稳定在15℃以上时，开始正常的苗种喂养。提早投喂人工饲料，可以驯化小龙虾幼虾摄食人工饲料，为春季的苗种强化培育打下基础。

3. 及时捕捞产后亲虾

仔虾离开母体后，亲虾出洞正常觅食。为防止产后亲虾对幼虾

造成伤害，当产后亲虾占捕捞亲虾比例达到60%以上时，及时用大眼地笼网捕捞产后亲虾。一起捕捞起来的抱卵虾放回原塘，产后雌亲虾及雄虾上市销售，增加经济效益。

七、幼虾培育

1. 制订生产计划

土池繁育小龙虾苗种的生产计划，因成虾养殖模式不同而不同。专门的小龙虾苗种繁育场，以对外供应不同规格的苗种为目标，为了抢抓市场，一般采取高密度放养、分批捕捞销售的生产模式，亩产虾苗一般在15万尾以上，产量300～400千克；与自身池塘主养成虾配套的小龙虾苗种繁育池塘应尽可能提早繁育，并尽早放养，既可以提高成活率，也可以降低前期管理费用，一般亩产苗种150～200千克；与水稻、荷藕、水芹等植物兼作、轮作配套的繁育池，要根据不同要求，开展小龙虾苗种繁育计划的制订，有针对性的生产计划可以保证成虾养殖的计划性、稳定性。

2. 幼虾数量估算

土池繁育小龙虾苗种，春季已经孵化出膜的小龙虾数量，应该进行认真估算，为制定有针对性的幼虾培育方案提供必要的参考。方法有两种：一是微光目视法估算。对于水草较少的池塘，先在池塘近水岸放入1米^{2}的木框，木框沉入水底淤泥上，然后正常投饵，于傍晚小龙虾活动频繁时，用手电筒查看木框内幼虾数量，将手电筒光线调弱，但可以看到小龙虾幼虾，光线太强会影响小龙虾正常分布，为保证准确，可以利用木框在池塘同一部位反复估测，也可以在池塘中不同部位放置多个同样大小的木框估测。二是切块捕捞估算法。水草茂盛的池塘，小龙虾幼虾立体分布，上述方法不能准确估算小龙虾幼虾数量；先在池塘中选择一块具有代表性的区域，快速插上网围，然后将网围内的水草捞出，清点水草中幼虾数量，再用三角网反复抄捕网围内的幼虾，直至基本捕尽为止；将捕捞的幼虾数量与网围面积相比，就可以得到单位面积小龙虾幼虾数量。

3. 幼虾科学投喂

土池繁育的幼虾投喂分成两个阶段：3厘米以前的幼虾主要摄

食天然饵料及各种有机碎屑，淤泥较肥或基肥施用多的池塘，饵料生物丰富，基本可以不投人工饲料，水质较瘦池塘，可以投喂黄豆浆或豆粕打浆全池泼洒，一般每亩用黄豆或豆粕1.5～2千克；幼虾长到3厘米后，食量逐渐增加，池塘中的饵料已不能满足需要，必须投喂人工饲料，专门配制的小龙虾幼虾料最好，青虾、白对虾破碎饵料也不错。投喂量以测算的小龙虾幼虾数量而定，一般按幼虾体重的20%左右投喂，随着小龙虾个体长大，逐渐减少投喂比例。

4. 幼虾适时捕捞

温度适宜时，仔虾经20～30天的强化培育，体长将达到4厘米以上，可以起捕分塘或集中供应市场，捕捞方法如下。

（1）密眼地笼捕捞　这是一种被动的诱捕工具，捕捞效果受水草、池底的平整度影响较大。捕捞时，先清除地笼放置位置的水草，再将地笼沿养殖池边45°角设置，地笼底部与池底不留缝隙，必要时可以用水泵使池水沿一个方向转动，以提高捕捞效率。

（2）拉网、手抄网捕捞　这两种工具是主动捕捞工具，都是依靠人力将栖息在池底或水草上的幼虾捕出。拉网适合面积较大、池底平坦、基本无水草或提前将池中水草清除干净的池塘使用，捕捞速度较快，捕捞量较大。手抄网适合虾苗密度较高和水浮莲、水葫芦等漂浮植物较多的池塘使用，可以满足小批量虾苗供应需求。

5. 幼虾运输

小龙虾幼虾阶段蜕壳速度快、甲壳较薄，用成虾的运输方式来运输幼虾，幼虾受伤严重，放养成活率较低。因此，幼虾分塘或销售主要是带水运输，1～2厘米的仔虾用氧气袋带水运输，40厘米×40厘米×60厘米氧气袋可装苗2000尾左右；更大规格的幼虾可以装入长方体钢筋网格箱，叠放于充液氧的活鱼运输车中运输，15厘米×40厘米×60厘米长方体钢筋网格箱可装虾苗2千克。

八、分塘

对于与自己成虾养殖配套的小龙虾繁育池塘，当小龙虾达到4

厘米以上规格时，互相干扰加剧，应及时分塘。方法是用前述方法捕捞幼虾，并按计划放养；繁育池与成虾养殖池相连的池塘，在估算数量后，先捕出多余的幼虾，再将相邻的池埂开口，用水流刺激幼虾自己爬入养成池。

第三节 小龙虾的工厂化苗种生产技术

小龙虾工厂化繁育技术，是指新建工厂化设施，或利用已有温室、水泥池进行改造，对水质、温度、光照、水流等环境条件人为控制，为小龙虾规模化繁育营造较好条件，实现批量化、按计划生产小龙虾苗种的技术。繁育工厂一般包括后备亲虾强化培育设施、抱卵虾生产车间、受精卵孵化车间以及仔虾培育车间等。工厂化条件下，可以通过水流、温度、光照等环境条件调节，人工诱导小龙虾批量同步产卵，受精卵有计划孵化，增加生产的计划性；同时工厂中生产设施还可以多层立体式设置，单位面积出苗量高于土池繁育的出苗量。小龙虾工厂化繁育一般包含以下步骤。

一、抱卵虾生产

1. 生产装置构建

有三类设施可以用于小龙虾抱卵虾的生产，一是各种处于空闲季节的鱼类、虾类苗种繁殖设施，如产卵池、孵化池或苗种培育池等，这些设施一般有较完善的进排水管道，加水 30 厘米左右，投入水花生等附着物后即可以作为小龙虾抱卵虾的生产池；二是架设在池塘中的网箱，投放水花生等附着物后可以作为成熟小龙虾产卵场；三是专门设计建造的小龙虾产卵装置，这种产卵装置配备了微孔增氧和循环水处理设施，池中布置网箱若干，网箱内设置茶树枝、竹枝、水花生等附着物，池上有塑料薄膜和遮阳网覆盖，整个装置具有较强的温度、光照、水质、溶解氧、水流、水位控制能力，抱卵虾生产潜力较大，可以实现抱卵虾批量化生产。

下面以淮安市水产科学研究所设计的产卵装置为例，说明工厂化产卵装置的设计与建造，各地可以因地制宜设计与建造。淮安市水产科学研究所抱卵虾生产装置平面示意图如图 2-1 所示。

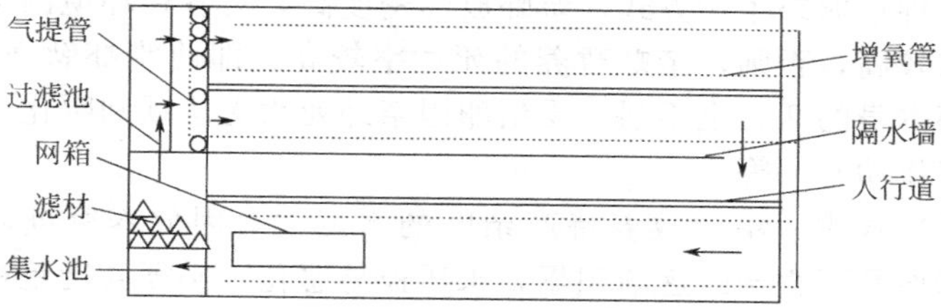

图 2-1　大棚产卵池平面示意图

该装置面积 700 米^2，南北宽 50 米，东西宽 14 米，池壁高 1.2 米。池壁以砖砌成，池底用壤土铺垫平整，进水口处池底比排水口池底高 20 厘米，近排水口处建循环水处理装置 1 套，池上建钢架塑料大棚，塑料薄膜下设黑色遮阳网一层；池中设微孔增氧设备 1 套，放置特制网箱 20 只，设人行走道 2 条。

该装置实现了水流、水质、光线、水温、溶解氧的人为控制，亲虾暂养密度增加到 35 只/米^2，也方便了抱卵虾收集。2007 年和 2008 年连续两年，淮安市水产科学研究所利用该装置，生产抱卵虾 1243 千克，平均抱卵率达到 81.3%，实现了抱卵虾规模化生产。抱卵虾生产结果见表 2-2。

表 2-2　2007 年亲虾放养及抱卵虾收获情况

箱别	放养(只)		收获(2007-10-15～11-01)/只			平均抱卵率/%
	雌虾	雄虾	第 1 次抱卵虾	第 2 次抱卵虾	未产雌虾	
1-2、1-4、4-4	1800	450	766	161	200	82.2
4-5	600	150	189	15	63	76.4
4-2	600	150	232	16	32	88.6
4-3	600	164	174	60	25	90.3
2-1、2-2	1926	550	860	73	239	79.6
2-4	1000		359	102	142	76.5
3-2	600	150	268	6	72	79.2
其余 10 只箱	6107	1596	2330	442	619	81.7
合计	13233	3210	5178	875	1392	81.3

2. 环境因子调节

这种抱卵虾生产方式，亲虾放养密度高，对各种环境因子的控制要求较高，否则，亲虾暂养的死亡率较高，即使雌虾勉强产卵，雌亲虾本身的活力也不强，受精卵因亲虾死亡无法顺利孵化，苗种生产工作功亏一篑。

（1）水质　集中放养待产亲虾的水泥池，因放养密度高，剩饵、粪便及死亡亲虾逐渐积累，水质极易恶化，必须高度重视水质的调节，及时清除剩饵、死虾，加大换水或配备循环水处理装置是解决水质问题的根本方法。用网箱作为抱卵虾生产装置时，也要定期清理剩饵和死虾，防止箱底局部水质恶化。

（2）光照　自然界中，小龙虾是昼伏夜出的动物，产卵活动更是在洞穴中进行。因此，人工产卵设施要有遮阳装置，灰暗的环境可以促进小龙虾顺利产卵。

（3）水位和水流　水泥池水深一般控制在30～50厘米，水太深，水花生等附着物不易在水面和池底之间形成桥梁，亲虾的栖息范围减少；水太浅，水质和水温不稳定，频繁换水，也会干扰小龙虾产卵。小龙虾产卵行为，需要一个安静的环境。因此，除因水质原因必须换水或加水外，不需要始终流水，为控制水质，可以2～3天换水一次，一次换水20%；换水时，水流要控制，尽量不对亲虾形成大的刺激。

（4）溶解氧　由于亲虾的放养密度高，暂养水体又小，因此，保持水体充足的溶解氧含量很重要，如果配备了微孔增氧设施，应于夜间正常开动，否则应通过流水或其他方式增氧。水体溶解氧不足时，尽管小龙虾可以攀爬到附着物上侧身呼吸空气中的氧气而不死，但已无力完成产卵行为。经常缺氧，小龙虾的体质将受到严重影响，抱卵率将下降。

（5）温度　小龙虾的最适宜的产卵温度是15～25℃，温度低于15℃时，产卵行为大大减少。因此，人工繁育时，要设法使水温保持在15℃以上，保持方法视设施条件的不同有所区别，水泥池上可以建塑料大棚或在池口上加盖塑料薄膜，专门设计建设的工厂化产卵装置最好配备温度调控设备，适宜的温度，可以促进产卵率的提高。

3. 喂养

繁殖期的小龙虾摄食量较小，对采食的饵料也有较高的要求。为促进小龙虾亲虾保持体能，要求在亲虾投放后，每天傍晚前后按投放亲虾体重的0.5%～1%投喂一次饲料，饲料品种以剁碎的螺、蚌肉和小杂鱼为好。由于水泥池的水体小，自净能力差，应将剁碎的螺、蚌肉和小杂鱼清洗干净后再投喂，以减少换水量或循环水处理设施的负担。

4. 日常管理

（1）做好水质监测工作　水质变坏，引起氨氮或亚硝酸盐含量高，小龙虾亲虾应激反应强，摄食不旺，体力下降，产卵率和产卵量都受影响。经常监测水质变化，及时将水质调节到较理想状态，是保证小龙虾产卵率的基础。

（2）其他各种环境因子的调节　要根据小龙虾亲虾产卵对环境的要求，做好光照、水温、水位、水流、溶解氧等各种环境因子的调节，确保小龙虾亲虾有良好、安静的产卵环境。

（3）做好清杂和巡查工作　要及时清除死虾和剩饵，及时清除腐败的水生植物；认真巡查亲虾放养设施的运行情况，及时修复损坏的设施、设备，保证正常运行。

（4）严防鼠害的发生　由于工厂化产卵设施水浅、水清，放养密度又高，水泥池和网箱里的小龙虾极易遭到水老鼠、黄鼠狼的捕食，要以各种方法防止鼠害的发生。

5. 抱卵虾收集与运输

成熟的亲虾放入产卵设施后，暂养一段时间后分批产卵，抱卵虾和雄虾、未产雌虾同池高密度共处，将影响受精卵孵化率和抱卵虾本身的生存。因此，水泥池或网箱等非洞穴产卵设施出现抱卵虾后，应及时分批将抱卵虾隔离出来，放入条件优越的孵化设施中开展受精卵的孵化。

（1）抱卵虾的收集　小龙虾亲虾的产卵环境要求尽可能地少受干扰，水泥池频繁排水或网箱不断抬起清理抱卵虾的操作，必然对小龙虾亲虾的产卵产生影响；而清理次数少，又会造成受精卵发育不齐，影响后续孵化工作。因此，要经常检查抱卵虾产出情况，掌握合理的抱卵虾清理频度。一般是根据孵化条件和抱卵虾产出数量确定清理频度，控温孵化时，要求受精卵发育尽可能同步，3～4天清理一次比较合理，常温孵化时，7～8天清理一次较好。

(2) 抱卵虾的运输　同大部分受精卵一样，胚胎发育的早期极易受到环境因子的影响。因此，受精卵从产卵设施中分离出来时，尽量避开强烈的光照，保持湿润或带水环境。清理抱卵虾时，一定要轻拿轻放，装运时单层摆放，避免相互挤压、碰撞，运输途中要避光、透气，尽可能缩短运输时间和距离。短距离运输可以采用干法运输，长距离运输最好带水运输。

二、受精卵孵化

与工厂化生产抱卵虾方法相配合，抱卵虾也可以集中放养。人为控制水温，使小龙虾亲虾栖息水体的温度达到小龙虾受精卵最适宜的孵化温度，可以促进受精卵孵化进程的加快。根据小龙虾栖息习性，设计、构建的小龙虾抱卵虾集中放养和受精卵控温孵化设施，孵化效率高，它可以像其他水产养殖动物一样，实现规模化产苗和有计划供苗。下面是淮安市水产科学研究所小龙虾受精卵控温孵化应用实例。各地可以根据具体情况，设计和建造适合自己的设施条件和生产规模的控温孵化设施。

1. 控温孵化装置的设计和构建

由原工厂化循环水养鱼车间部分水泥池改造建成。面积50米^2，改造原有进排水管道，配备简易水处理设施，形成封闭循环水系统；配备自动电加热装置，保证孵化用水水温的可控性；每口水泥池还设置了同样大小的密眼网箱1只（网目40），网箱内放置抱卵虾暂养笼若干。创造受精卵适宜的水流、水质、光线、温度、溶解氧等环境条件，促进受精卵有计划孵化。

2. 抱卵虾的放养与受精卵孵化结果

抱卵虾放养量为20～40只/米^2，2007年10月15日～11月1日，该所将3960只抱卵虾分成3批，采取3种温度模式进行孵化试验，共获0.6～1.2厘米稚虾71.6万尾。2007年控温孵化试验，剔除死亡抱卵虾后，平均孵化率为81.6%。控温孵化结果见表2-3。

表 2-3 抱卵虾控温孵化情况

池别/批次	抱卵虾投放数和死亡数/只						稚虾收获/万尾		
	Ⅰ		Ⅱ		Ⅲ		Ⅰ	Ⅱ	Ⅲ
	投放	死亡	投放	死亡	投放	死亡			
1	600	371			300	48	8.9		7.6
2	720	417			300	52	11.4		7.3
3	640	348			350	42	11.3		9.2
4			570	229				11.6	
5			480	202				9.6	
合计	1960	1136	1050	431	950	142	31.6	21.2	24.1
平均孵化率/%							79.5	81.4	82.7

3. 离体孵化

小龙虾受精卵通过一个柄像葡萄一样黏附于雌亲虾的腹肢上，连接卵和腹肢的柄由小龙虾产卵时排出的黏液硬化而成，有雌亲虾精心护理时，受精卵尚不至于从母体脱落，但受外力拨弄后，比较容易和腹肢分离，分离的受精卵在环境条件适宜的情况下仍可以正常孵化成仔虾。小龙虾受精卵的这种特性为离体孵化提供了可能。

小龙虾苗种生产中，受精卵较长的孵化过程对雌亲虾的体能是个严峻的考验，池塘洞穴孵化环境和人工构建的非洞穴孵化设施中都出现了抱卵虾死亡现象，尤其是后者，抱卵虾的死亡率更高，有的达到50%以上。抱卵虾死亡引起的受精卵损失给苗种生产造成较大的被动。如何减少因抱卵虾提前死亡引起的受精卵损失，科技工作者已研究、开发出了小龙虾受精卵的离体孵化新技术，该技术主要由受精卵剥离、集中孵化和仔虾收集几个部分组成。

(1) 孵化装置的构建 小龙虾受精卵比重略大于水，被剥离的受精卵静置于水中时，沉在水底；自然状态下，刚孵化出的小龙虾仔虾自主活动能力差，必须附着于雌亲虾的附肢上。这两种特性决定了小龙虾受精卵的离体孵化装置应具备两种功能：一是必须有定时翻动受精卵的能力；二是刚孵化出的仔虾有附着的载体。因此，离体孵化装置应做如下设计：孵化床的上方设置喷淋器，不间断喷水，保持受精卵始终处于流水状态，为防止受精卵局部缺氧，受精卵孵化床的底部设置定时拨卵器，每隔 2～3 分钟翻动受精卵 1 次；根据孵化水温预测小龙虾胚胎破膜时间，于破膜前 3～5 小时放入经严格消毒的棕榈皮等附着物。

（2）受精卵的剥离　小龙虾胚胎受温度、光线等多个因子影响，剥离受精卵时，要特别注意环境条件的变化，防止由于环境条件的巨变引起胚胎死亡。为减少受精卵运输的时间和在空气中暴露的时间，可以在产卵池边设置临时手术间。手术间必须避强光、避风、保温，各种手术用具经严格消毒。受精卵剥离时，用左手将小龙虾抱卵虾抓住，使卵块朝向带水容器，用右手持软毛刷从前向后轻轻刷落受精卵。剥离受精卵的操作关系到胚胎受损害的程度，也直接影响着孵化率。因此，操作过程一定轻、快，尽可能缩短操作时间。

（3）受精卵离体孵化管理　孵化过程主要做好温度控制、水流管理和霉菌防治三项工作。一是温度调节，受精卵离体孵化装置的用水量较少，可以在水源池中添加电加热器和温度自动控制仪来调节孵化用水的温度，较适宜的孵化温度为 22～24℃；二是水流控制，静置于孵化床上的受精卵靠上方喷淋和池底的拨水装置满足溶解氧要求；离体孵化的受精卵，应坚持用甲醛溶液对受精卵进行浸洗杀霉、防霉处理，甲醛的浓度为 70～100 毫升/升，浸洗时间为 15 分钟，两次浸洗之间的间隔为 8 小时。为减少未受精卵和坏死胚胎对正常胚胎的影响，每天应对受精卵漂洗，尽可能将坏死卵分离出去。

（4）仔虾分离和内源营养期管理　受精卵经 2 周左右的孵化，胚胎会陆续破膜成为仔虾，此时的仔虾尚不能独立生活，需要依附在像雌亲虾腹肢一样的附着物上，靠卵黄继续支持生命活动所需要的能量，直到再完成 2～3 次蜕皮，具备独立觅食能力，再离开附着物营外源性营养生活。受精卵离体孵化情况下，这个阶段的管理很重要，既要将刚孵化出的仔虾和受精卵分离，又要营造仔虾的生长发育所需要的条件。

具体做法：在胚胎破膜前 3～5 小时，将消毒好的棕榈皮、水葫芦根须等附着物吊挂在受精卵上方的水中，出膜的仔虾依附于附着物上，再将附着物连同仔虾一起移入虾苗培育池，经 3～5 天的暂养，仔虾逐渐分散觅食，开始正常的苗种培育。

受精卵的离体孵化技术仍处于试验阶段，孵化率较低，目前尚未生产性应用。苗种生产实践中，这种方法可以作为因抱卵虾死亡引起受精卵损失的补救措施。技术成熟后，可以主动将所有抱卵虾腹肢上的受精卵剥离，再集中孵化，可大大节约小龙虾受精卵的孵化成本，为小龙虾苗种的有计划、批量化供应提供新途径。

三、幼虾培育

工厂化条件下，小龙虾幼虾培育主要指 3 厘米之前的幼虾标粗，这个阶段小龙虾活动能力差，需要精心管理。

1. 饵料生物培养及投喂

（1）饵料生物培养　水泥池等工厂化设施中，饵料生物培育及配套难度较大。为增加计划性，应先在培育池附近准备专门的饵料生物培养池，采用人工接种、科学肥水培育高密度饵料生物，再根据幼虾培育池饵料密度不同，有针对性地捕捞饵料生物活体投喂。这种方法既可以满足仔虾开口需要，也可以防止幼虾培育池水质因为肥水而过早恶化。

（2）人工配合饲料　水泥池等工厂化环境，不能像土池那样产出各种底栖生物。因此，当幼虾达到 1.5 厘米以上规格时，人工投喂的饵料生物已不能满足小龙虾生长的营养需要，应该搭配投喂人工配合饲料，并逐渐过渡到全部投喂人工饲料。水泥池面积较小，可以选用白对虾开口微颗粒饲料投喂，投喂量一般每天每平方米投喂 1～2 克，日投喂 4～6 次，前期每天投喂 6 次，随着幼虾个体长大，逐渐减少到 3～4 次，少量多次投喂，既符合幼虾摄食节律，也可以减少饲料浪费。

2. 水质管理

幼虾培育阶段，随着人工配合饲料的投喂，池底和水质不断恶化，使用微生物制剂调节和定期换水是保持优良水质的主要手段。微生物制剂一般选用光合细菌，每 5～7 天使用一次，既可以改善水质和底质，又能为小龙虾幼虾提供一部分生物饵料；培育后期，根据水质指标测定情况，换水可以作为微生物制剂调节不足的补充手段使用，为防止水质变化太大，引起小龙虾幼虾应激反应，每次换水不超过20%。

四、分养

水泥池等工厂化条件下，可以在培育池中预设网箱，待幼虾生长到需要的规格时，将网箱收拢，可一次性将幼虾捕出，这种方法适合较小的培育池使用。较大的水泥池，可以提前移植水花生、水葫芦，再用三角抄网捕捞。

利用工厂化设施开展小龙虾苗种繁育，一般是为了依靠工厂化条件，促进受精卵孵化进程加快，因此，工厂化小龙虾苗种生产主要在秋冬季进行。苗种出池时，幼虾培育池和外放池塘环境差异较大，尤其是温度。如何将工厂化繁育设施生产的小龙虾苗种顺利分养成功，是决定工厂化苗种生产成败的关键。要做好两项工作：一是幼虾培育池降温处理，当幼虾培育池水温超过外放土池水温3℃以上，应该用常温水掺兑培育池，使培育池逐步降温，降温速度要缓慢，一般一昼夜降温2℃以内，当培育池温度与外塘温度相同时再开始捕捞分养；二是分养池环境营造，计划分养的小龙虾池塘应提前做好准备，彻底清塘、施用基肥、移栽水草，营造优越的生态环境，可以提高小龙虾幼虾分养成活率。

第四节　成虾养殖池苗种生产技术

在小龙虾成虾养殖池直接开展小龙虾苗种生产，是养殖户最早进行的苗种繁育工作。该方法无需另外建立繁殖设施，成熟的小龙虾自己在养殖池埂打洞进行繁殖活动，具有投资少、管理简单的优点。但缺点也较明显：一是繁苗数量无法准确把握，苗种繁育过多，成虾养殖规格小，而且水草保护难度大，小龙虾商品品质较差；二是反复自繁自养，造成小龙虾近亲繁殖严重，小龙虾个体逐渐变小。本节将针对这些缺点，讲解成虾池小龙虾苗种繁育应注意的事项。

一、池塘准备

各种适宜开展小龙虾成虾养殖池塘均可以开展小龙虾自繁自

育。池塘中高出水面的各种埂、岛是小龙虾开展繁育活动的必要场所，这些埂、岛的正常水位线长度是影响繁苗数量的重要指标。因此，除四周池埂外，池中高出水面的隔埂、小岛周长要认真统计，做到心中有数。低于 10 亩的池塘，中间的隔埂、岛最好去掉，超过 30 亩的池塘，隔埂、岛周长不要超过四周池埂的 30%。

二、生态环境营造

与繁育活动相关的环境营造，主要是指在受精卵孵化出膜，雌亲虾带着仔虾下塘前，要营造优越的幼虾培育条件，提高幼虾培育成活率，具体做法有以下三点。

（1）加强捕捞，清除池塘中所有敌害生物。对于小龙虾幼虾来说，敌害生物包括池塘中所有鱼、虾、蟹等，彻底的清除方法是干塘清整、药物消毒。具体方法同土池繁育。

（2）适当施用基肥，增加有机碎屑，培育饵料生物。方法同池塘主养成虾。

（3）水草移栽，营造立体生态环境。

三、亲虾数量控制与种质改良

小龙虾雌亲虾个体大小和数量决定着受精卵总数，也决定着最终的苗种产出数量。利用成虾池繁育小龙虾苗种，目的是为了与成虾养殖相配套，繁育数量以满足自身需要为标准。因此，小龙虾亲虾，尤其是雌亲虾数量调查与控制非常重要。

1. 雌亲虾需要数量测算

可以用下列经验公式测算雌亲虾需要数量。

$$S=N\times m/P\times r\times q$$

式中：S 代表雌亲虾需要数量；N 代表计划总产量；m 代表成虾平均规格（单位重量小龙虾只数）；P 代表雌亲虾仔虾平均产出数量；r 代表 4 厘米大规格苗种成活率；q 代表成虾养殖成活率。

根据试验和生产实践证明，营养正常的小龙虾雌亲虾，规格在 35～45 克雌虾仔虾孵出数量平均为 400 只；清塘彻底的成虾池，4

厘米以上的苗种培育成活率一般在50%～60%，成虾养殖成活率80%左右。这三个数值受日常管理因素影响较大，测算雌亲虾需要量时，养殖户应根据自己的管理技术和往年经验确定。

2. 雌亲虾数量控制

确定了雌亲虾数量后，就要对成虾塘留存的雌亲虾进行详细调查，超出需求的雌亲虾要通过人工方法去除，不足时要补放。

3. 种质改良

利用成虾池塘自繁自养超过两年以上的池塘，应考虑小龙虾种质退化的问题。可以在繁殖季节引进外源成熟亲虾，引进量与留存亲虾数量相当，引进地与养成池距离尽可能远；引进的亲虾要经过性状选择，确保引进的小龙虾种质优良。引进时机最好在9月上旬之前。

四、苗种生产管理

成虾池繁育小龙虾苗种，苗种阶段的管理至关重要，决定着小龙虾成虾养殖的规格和产量。一般应掌握以下关键点。

1. 幼虾数量测算与控制

春季，当小龙虾雌亲虾全部出洞，仔虾全部离开母体后，要及时测算幼虾数量（方法同第二章第二节中的相关内容）。数量过多，在规格达到4～6厘米后及时捕捞出塘，数量不足时也应该就近购买。确保成虾生产按计划进行。

2. 饲料选择与喂养

成虾养殖池，一般都比专门的小龙虾苗种繁育池大，成虾池繁苗又是以自用为主，因此，幼虾密度比较低，生产管理上较为简单。如果池塘已按前述进行了清塘、施肥及水草移栽，生态环境良好，前期基本无须投喂任何饲料，当幼虾规格达到3～4厘米后再开始投喂人工饲料。饲料仍以虾蟹开口饲料为主，搭配投喂麦麸、米糠等富含有机碎屑的谷物饲料。饲料日投喂一次，投喂量为幼虾体重的15%左右；投喂时，沿有洞穴的池埂遍撒，投饵距离以离池埂7～8米为宜。

3. 产后亲虾捕捞

同土池专池繁育一样，产后亲虾应及时捕捞。

第五节 小龙虾提早育苗技术

刚孵化出的小龙虾仔虾营自营养生活，仍依附于雌亲虾的游泳肢上，经 2～3 次蜕皮即具备了完全的生活能力，陆续离开母体独立觅食，此时的仔虾体长在 0.7 厘米左右，分散栖息于池底、水生植物等各种附着物上。普通池塘中，这种小规格苗种的密度稀，很难集中，只能待其长到 4～6 厘米的较大规格（彩图 19），可以用小网目地笼捕捞时，才能集中起来，或分配到成虾池养成成虾，或者对外供应。通常所指的小龙虾苗种是指这种便于捕捞，可以集中出池，规格达到 4～6 厘米的大规格龙虾；而控温孵化或专门的高密度繁育土池中，虾苗密度大，规格相对整齐，可以用棕榈片、废旧渔网、水葫芦根须等诱捕，也可用抄网从附着物下抄捕，还可以用密眼拉网扦捕，这种方法生产出的虾苗便于集中，规格在 1～2 厘米，可以称为小龙虾小规格苗种。上述两种规格的小龙虾苗种，都可以出现在 3 月份。成虾养殖的主要季节是 4～6 月，如果 3 月份就有大规格苗种，成虾养殖就有了较好的种苗基础，成虾上市早，价格高，经济效益就有保证；如果 3 月份苗种规格仅达到 1～2 厘米，小龙虾的成虾上市晚，高温季节尚有大量虾未能达到上市规格，捕捞难度加大，病害也较多，最终的产量和效益不稳定。在小龙虾繁殖期内，尽早开展育苗工作，可以实现早春即有大规格苗种。下面介绍小龙虾提早育苗的技术要点。

一、常温下提早育苗技术

1. 亲虾投放要早

常温条件下，要实现小龙虾的提早育苗，最关键的是提早获得抱卵虾，再依靠尚处于高位的自然温度，小龙虾的受精卵即可于秋季孵化成仔虾。因此，常温下，提早育苗的小龙虾亲虾应于 8 月中旬前投放；投放的亲虾体重要求在 35 克以上，体色紫红，附肢齐全，活动能力强，抽样解剖后的雌虾性腺呈褐色；亲虾放养数量同正常育苗。

2. 育苗池水位稳定

亲虾投放后，经短暂的环境适应后，会陆续打洞产卵，由于此时的温度一般在 24～28℃，亲虾仍会出洞觅食，适宜的环境加上较高的水温，受精卵会在 10 天左右孵化出仔虾。为了满足小龙虾亲虾的生活需要，育苗池水位要保持稳定，既不能小于正常水位线引起抱卵虾提前穴居，也不能超过正常水位线，甚至淹没洞穴，使亲虾重新打洞，从而影响雌亲虾的正常产卵。

3. 精心培育幼虾

在做好上述两项工作后，受精卵将于 9 月上、中旬孵化出仔虾，此时的温度非常适宜小龙虾幼虾的快速生长，在捕捞产后亲虾的同时，立即开展幼虾的培育工作，确保于 10 月中上旬完成小龙虾苗种的标粗，使幼虾规格达到 2～3 厘米。

4. 提早分塘养殖

密度过大，或饵料匮乏之时，小龙虾具有自相残杀的习性，因此，育成的小龙虾幼虾应尽快分塘养殖。在池塘条件下，一般是在幼虾规格达到可以用密眼地笼起捕时分塘养殖，当然也可以用手抄网从漂浮植物丰富的根须下抄捕更小的小龙虾幼苗提早分养，后一种方法使小龙虾苗种的产量更高，分养出来的小龙虾幼虾冬前达到的规格更大。

二、工厂化条件下提早育苗技术

8 月份，小龙虾成熟比例较小，因此，依靠常温进行小龙虾的提早繁育，不易实现规模化的目的。但依靠工厂化条件，可以克服自然温度的限制，实现小龙虾苗种工厂化提早繁育。工厂化条件是指将小龙虾苗种的繁育条件设施化，使得小龙虾苗种的生产计划性更强，单位产量更高；工厂化还包括繁育的温度、溶解氧等环境条件可以人为控制，使得小龙虾苗种生产可以根据成虾养殖生产的需要提早或推迟苗种产出时间，满足生产需要的苗种数量。因此，将小龙虾苗种繁育的各个环节进行设施化建设，使得繁育条件工厂化，可以作为提早育苗的一种途径。这些条件包括：一是根据小龙虾可以在水族箱、水泥池中正常产卵的试验结果，设计、建设小龙虾抱卵虾的专门产卵装置；二是根据小龙虾胚胎发育进程受温度控制的规律，设计、构建小龙虾受精卵的控温孵化装置；三是开展小龙虾幼虾强化培育的工厂化养殖条件的构建。这些设施的设计，前面已有介绍，本节仅对工厂化条件下的提早育苗技术作简要说明。

1. 亲虾选择

亲虾是小龙虾苗种繁育的基础，亲虾成熟得早，产卵也快。因此，选择健康、成熟度好的小龙虾亲虾，确保具有充足的受精卵来源，是实现提早繁苗的基础。

2. 控制好环境条件，促进同步产卵

成熟度好的小龙虾亲虾在如前所述的专门产卵装置中，在水流、光照、温度等多个因子的人工诱导下，将相对同步地产卵。根据产卵比例，将抱卵虾分批集中，为受精卵的控温孵化做好准备。

3. 控温孵化

温度是影响孵化进程的最主要因素，在适宜的范围内，适当提高孵化温度是实现提早育苗最直接的手段，但过高的温度也会造成胚胎发育畸形或死亡，尤其会导致抱卵虾的死亡，适宜孵化温度为22～24℃。

4. 强化培育，提高苗种规格

受精卵经10天左右的孵化，仔虾陆续出膜，经3～5天的暂养，仔虾将离开雌亲虾独立觅食。为迅速提高苗种规格，可以利用温度较高的孵化池直接开展苗种培育工作，再经5～7天的强化培育，小龙虾蜕皮2～3次，规格达到2厘米左右后，将培育池水温逐步降低至室外水温，集中幼虾后放入室外苗种培育池，继续进行苗种培育；或计数后，按放养计划直接放入养殖池开展成虾养殖。

第六节　小龙虾延迟育苗技术

小龙虾最适宜的生长水温在15～28℃，也就是每年的春秋季，秋季是主要的繁殖季节。因此，小龙虾成虾养殖的主要季节在春季，为了充分利用好春季，尽可能在春季完成小龙虾养殖全年的生产任务，就要求开春后，水温达到15℃以上时就有3厘米以上的大规格苗种，因此育苗工作必须于头一年进行，提早育苗，可以更好地实现这个目标。这是目前小龙虾养殖普遍采取，或希望采取的小龙虾养殖制度。但也有一些养殖模式，要求小龙虾苗种供应的时间延后，也就是要求苗种提供时间比目前大量供应苗种的春季还要晚，延迟到5月份甚至是6月份，以减少对与其共生的水生经济植物的影响，达到小龙虾生产和经济植物生产配套进行，获得更高的经济效益。此外，小龙虾成虾多茬生产，也需要小龙虾苗种推迟供应配套。下面是小龙虾延迟育苗的技术要点，供需要者参考。

一、干涸延迟育苗的技术要点

将小龙虾苗种繁育池的水排干，人为制造相对恶劣的生存环境，迫使小龙虾亲虾进洞栖息，等到需要小龙虾苗种时，再加水至小龙虾洞穴之上，小龙虾抱卵虾或抱仔虾在池水的刺激下，带卵（或仔虾）出洞生活，受精卵迅速孵化成仔虾，已经孵化成的仔虾，则很快离开雌亲虾独立觅食。这种做法，可以实现小龙虾延迟育苗的目的。

1. 亲虾投放

为实现第二年5月或6月后出苗的目的，放养亲虾的时间应推迟到水温下降至15℃以后，已经成熟的亲虾将会继续产卵，尚未完全成熟的亲虾将于第二年春天成熟后产卵。自然条件下，这些抱卵虾都在洞穴中栖息，池中无水时，受精卵的孵化进程将减缓。亲虾投放数量同正常苗种繁育技术。

2. 排水

为了迫使小龙虾亲虾进洞穴居，在亲虾放养后，应逐步排干池水，在干涸的池塘和寒冷的冬季，小龙虾无处栖息，只好打洞穴居，有些亲虾还以泥土封住洞口。池水完全排干时的气温不应低于10℃。

3. 保温管理

排干池水的池塘，小龙虾的洞穴完全暴露在空气中，如果洞穴不够深，小龙虾会因寒冷而冻死。因此，排干水的池塘，冬季必须重视小龙虾洞穴的保温，主要做法是洞穴集中区覆盖保温的植物秸秆，或将洞穴集中区压实。

4. 适时进水

穴居在洞中的小龙虾抱卵虾经过漫长的冬季，体力消耗极大，春天的受精卵已孵化成仔虾，必须适时进水，恢复正常的小龙虾生活环境。6 月上旬是洞穴中小龙虾能承受的最晚时间。应根据生产安排，尽快进水，激活小龙虾新的生命历程。

二、低温延迟育苗技术

小龙虾受精卵的孵化进程受温度控制，要想延迟育苗，降低孵化温度，就可以实现延迟育苗，因此，要求繁育设施具有温度控制能力，这只有在工厂化育苗的条件下才能实现。在完成抱卵虾生产后，将抱卵虾集中放入低温水池长期暂养，根据生产需要，分期分批将抱卵虾从低温池中取出，逐步升温到正常孵化温度，有计划地孵化出仔虾，从而实现苗种的有计划生产和供应。运用该技术应该注意的事项有如下几个方面。

1. 抱卵虾生产

靠降低抱卵虾暂养水温来推迟育苗时间的前提是能将抱卵虾集中起来，因此，抱卵虾必须是在非洞穴产卵装置中生产，这样才能实现抱卵虾的集中暂养。当然，生产的目的是为了推迟育苗，亲虾的产卵时间也要尽可能地推后。

2. 抱卵虾的低温暂养

靠自然温度繁殖小龙虾苗种时，抱卵虾集中出现时间在 9 月下旬到 10 月上旬，此时产出的受精卵靠低温延迟其胚胎发育进程，一直到第二年的五六月份，前后长达 7～8 个月，这对亲虾本身和低温暂养条件都是严峻的考验，因此，必须做好以下几点。

（1）严格消毒　亲虾交配、产卵，抱卵虾的收集操作，必然引起亲虾或多或少地受伤。推迟育苗又必须将抱卵虾长期暂养。因此，为防止亲虾伤口溃烂，也为孵化暂养环境不被外源致病菌感染，抱卵虾进入暂养池前，必须进行严格的消毒，消毒的药物可以采用低刺激性的聚维铜碘等高效杀菌防霉制剂。

（2）严控温度　根据低温暂养抱卵蟹延迟育苗的经验，小龙虾抱卵虾的低温暂养水温为 4℃，这和产卵池的 12℃最低水温相差较大，急速降温，将会对胚胎发育产生极为不利的影响，因此，抱卵虾放养时，必须做好降温处理，降温梯度为每 24 小时降低 1℃为宜；暂养期间，严格保持水温恒定，绝不可以或高或低。

(3) 精心管理 低温暂养延迟胚胎发育的设想源于小龙虾受精卵孵化进程在环境条件不适宜时可以长达数月，这期间，小龙虾亲虾不活动，不进食，完全处于休眠状态，人为创造的低温暂养环境也必须营造小龙虾休眠环境。因此，整个低温暂养期间，要有专人负责，严控温度的同时，还应该控制光线，尽量减少因日常管理对亲虾的惊扰，保持环境安静。

3. 受精卵的继续孵化

根据生产需要，分批将抱卵虾从低温暂养池中保温转入孵化车间，逐步提温至设计的孵化温度，这里的关键点是升温速度的控制。由于小龙虾胚胎在长期低温条件下，发育很慢，过快升温会造成胚胎发育的异常，因此，升温过程必须缓慢，一般升温梯度也是一天1℃。温度升到设计孵化温度后的孵化管理，和正常受精卵的要求一样。

第三章 小龙虾高效养殖技术

我国小龙虾人工养殖起步较晚，但由于市场推动，小龙虾养殖产业已快速形成，各地养殖户也探索出多种养殖模式，其中，江苏省盱眙县、兴化市等地以池塘主养、虾蟹混养较多，安徽省肥西县、湖北省潜江市等地以稻、虾轮作共生为主；鄱阳湖、洪泽湖等湖泊地区以沼泽地、荷藕田、芦苇地小龙虾养殖见长。此外，还有利用林地、水生植物栽培池、“四大家鱼”养殖池等各种条件开展小龙虾养殖，小龙虾养殖业取得了蓬勃的发展。为方便读者根据自身条件因地制宜开展小龙虾养殖，笔者在总结各地成功养殖经验的基础上，结合多年研究、推广实践，分别从池塘主养、虾蟹混养等五个方面进行小龙虾商品养殖技术介绍。

第一节 池塘主养

随着小龙虾国内消费量的不断增加，小龙虾商品市场分级越来越清晰，小规格虾市场价格变动不大，40 克/只以上的大规格虾价格逐年上升，同样规格的虾又因品质不同价格迥异。利用各类池塘条件，创造良好的养殖环境，投喂优质饵料，经精心管理养殖出的小龙虾外表靓丽、膘肥体壮、味道鲜美，其销售价格自然也高，养殖户因此获得了丰厚利润。江苏地区广大养殖户和科研工作者经过多年的探索，总结形成了相对成熟的小龙虾池塘主养技术（彩图 20）。

一、池塘准备

1. 池塘选择

小龙虾适应能力强，对养殖池塘条件的要求不高，可以因地制宜地利用各种池塘开展商品虾生产。但为了方便营造最适宜的生长环境，主养池塘面积最好在5～20亩之间，呈东西向设置，宽度不超过40米，池塘正常水位不小于1米、不高于1.8米；池底平坦，池坡比不小于1∶1.5；池塘土质以黏土或壤土为好；水、电设施配套完整。

规模化养虾场还要求规划建设好交通道路和分捡、包装设施。

2. 防逃设施

高密度养殖条件下，当池塘环境不太适宜小龙虾生活或雷雨天气时，小龙虾就会外逃或打洞蛰伏。因此，小龙虾主养池塘必须设置防逃设施，根据生产实践，小龙虾主养池塘的防逃设施有以下几种。

（1）聚乙烯网布防逃设施　网高60～100厘米，下端埋入土中10～15厘米，上端向内设盖网30厘米，或在网围内侧离地30厘米位置缝贴钙塑板（或塑料薄膜）15～20厘米，网布上下口都应缝制纲绳一根，每隔3米以竹木桩固定。该防逃设施造价低廉、经久耐用，但需在日常管理中检查网布和防逃板的损坏情况，并及时修补。

该设施有两种安装位置，一是设置在塘埂顶部，安装、管理方便，但不能阻止小龙虾在池边打洞，适合于依靠小龙虾自繁能力解决下一年苗种的养殖户；二是设置于池边正常水位下30厘米处，该位置可以阻止小龙虾在池坡打洞，避免小龙虾的无计划繁育，可以减少下一年度小龙虾计划放养难度（彩图21）。

（2）玻璃钢围栏　玻璃钢是采用环氧树脂和玻璃纤维布合成的材料，具有表面光滑、运输与安装方便等优点，一般使用寿命3～5年。该材料只能安装于塘埂顶部，宽60厘米，下端埋入地下15厘米，每隔2米，在虾池背面用一根竹木桩支撑。

此外，钙塑板、铝皮、玻璃、石棉瓦、水泥瓦等材料都可以作为虾池防逃设施材料，各地可因地制宜、就地取材，只要建成的围挡设施起到阻止小龙虾外逃的作用即可。但从防止小龙虾池坡打洞的需要出发，笔者建议采用上述第一种防逃设施。

3. 增氧设施

小龙虾具有较强的适应能力，当水体溶解氧不足时，小龙虾会攀援到水草顶部侧卧，依靠露在水面上一侧的鳃器呼吸空气维持生命，但作为养殖对象，经常缺氧，一定会造成小龙虾免疫力下降，生长受阻。因此，开展小龙虾高效养殖时，保持养殖环境充足的溶解氧含量，是获得预期效益的必要条件。根据江苏地区虾蟹养殖经验，目前小龙虾池塘适宜的增氧方式是底层微孔增氧技术。

（1）微孔增氧及其作用　微孔增氧，也称纳米管增氧。它是通过罗茨鼓风机与微孔管组成的池底曝气增氧设施，直接把空气中的氧输送到水层底部，能大幅度提高水体溶解氧含量的一种新的池塘增氧方式。有以下几个方面的优点。

① 增氧效率高　超微细孔曝气产生的气泡，与水体充分接触，上浮流速低，接触时间长，氧的溶解效率高，增氧效果好。

② 活化水体　微孔管曝气增氧，犹如将水体变成亿万条缓缓流动的河流，充足的溶解氧使水体能够建立起自然的生态系统，让死水变活。

③ 改善养殖环境　养殖水体从水面到水底，溶解氧含量逐步降低。池底又往往是耗氧大户。这种方式变表面增氧为底层增氧，变点式增氧为全池增氧，满足养殖动物的生长需要。它大大提高了池塘增氧效率，充足的氧气可加速有机物的分解，改善底部养殖环境。有利于推进生态、健康、优质、安全养殖。

④ 使用成本低　微孔增氧，水体增氧效率高，能耗却不到水车增氧或叶轮增氧的四分之一，可以有效地节约成本。

⑤ 防病效果好　应用微孔增氧曝气技术，提高水体溶解氧含量，改善池塘水体生态环境，不单抑制水体有害物质的产生，而且减少养殖动物的疾病，有利于促进养殖动物的生长。微孔增氧曝气技术还可减少因机械噪声产生的养殖动物应激反应，提高单位面积养殖密度、成活率及饲料利用率，从而增加单位面积水产品的产量和效益。

⑥ 安全、环保　微孔管曝气增氧装置安装在岸上，操作方便，易于维护，安全性能好，不会给水体带来任何污染，特别适合虾蟹养殖。

（2）微孔增氧设备及其安装

① 底层微孔曝气增氧设施的构成与安装　底层微孔曝气增氧设施，由增氧动力主机、总管、充气管组成。增氧动力机一般为固

定在池埂或架设池塘一端中央水面上的空气压缩泵、罗茨鼓风机或旋涡式鼓风机。设置要求防晒、防淋、通风，提供大于1个大气压的压缩空气，功率配置视池塘面积和总管、充气管长度而定，一般3千瓦/(1～1.5)公顷；总管（内径ϕ60～80毫米）、充气管（内径ϕ10～12毫米）为PVC管或纳米管，充气管间等距离范围为8～12米，各充气管分布固定在深水区域距离池底10厘米左右处同一水平面上；曝气头为微气孔，一般有两种形式，其一是在软塑料充气管上直接刺微针孔，其二是纳米管。

主机：罗茨鼓风机，具有寿命长、送风压力高、送风稳定和运行可靠的特点。罗茨鼓风机国产规格有7.5千瓦、5.5千瓦、3.0千瓦、2.2千瓦四种，日本生产的规格一般有7.5千瓦、5.5千瓦、3.7千瓦、2.2千瓦等。

主管道：采用镀锌管或PVC管。由于罗茨鼓风机输出的是高压气流，所以温度很高，多数养殖户采用镀锌管与PVC管交替使用，这样既保证了安全，又降低了成本。

充气管道：主要有两种，分别是PVC管和微气孔管（又称纳米管）。从实际应用情况看，PVC管的使用接受度要明显高于纳米管。

② 安装成本参考　微孔管道增氧系统的安装成本，大概可分为四个档次：一是高配置——新罗茨鼓风机与纳米管搭配，安装成本1300～1500元/亩；二是旧罗茨鼓风机与国产纳米管（包括塑料管）搭配，安装成本800～1000元/亩；三是旧罗茨鼓风机与饮用水级PVC管搭配，安装成本500～600元/亩；四是旧罗茨鼓风机与电工用PVC管搭配，安装成本300～500元/亩。

③ 安装、维护的注意事项　一是采用软管钻孔的管道长度不能超过100米，过长末端供气量不足甚至无气。如果软管长度过长，应架设主管道，主管道连接支管，有利于全池增氧；主管道管径大、出气量大，能减轻鼓风机或空气压缩泵出气口的压力和发热程度。二是主机发热，由于水压及PVC管内注满了水，两者压力叠加，主机负荷加重，引起主机及输出头部发热，主机持续发热容易烧坏或者主机引出的塑料管发热软化。提高功率配置或主机引出部分采用镀锌管连接，可减少热量的传导。三是功率配置不科学，

浪费严重。许多养殖户没有将微孔管与PVC管的功率配置进行区分，浪费严重。一般微孔管的功率配置为0.25～0.3千瓦/亩，PVC管的功率配置为0.15～0.2千瓦/亩。四是铺设不规范。充气管排列随意，间隔大小不一，增氧管底部固定随意，易脱离固定桩，浮在水面，降低了使用效率；主管道安装在池塘中间，一旦出现问题，更换困难；主管道裸露在阳光下，老化严重；等等。通过对检测数据分析，管线处溶解氧与两管的中间部位溶解氧没有显著差异，故不论微孔管还是PVC管，合理的间隔为5～6米。五是PVC管的出气孔孔径太大，影响增氧效果。一般气孔以0.6毫米以内为宜。

（3）微孔增氧设备的使用方法　开机增氧时间：夜间22:00左右（7～9月21:00）开机，至翌日太阳出来后停机，可在增氧机上配置定时器，定时自动增氧；连续阴雨天提前并延长开机时间，白天也应增氧，尤其是雨季和高温季节（7～9月），下午13:00～16:00开机2～3小时。

4. 清整与消毒

利用已经进行水产养殖的池塘，要根据池塘情况进行干池清整，淤泥过多（超过10厘米以上）应予以清除，堵塞漏洞，刈割菖蒲、芦苇等挺水植物，清除包含存塘小龙虾在内的所有敌害生物，为了保证清塘效果，一般采用以下药物进行彻底消毒。

（1）生石灰　利用生石灰快速提高池水碱性，杀灭池塘底泥中的病菌、野杂鱼和其他水生动、植物。使用生石灰清塘通常分为干法清塘和带水清塘两种。

① 干法清塘　池塘排水时，留下塘水10厘米左右，生石灰每亩用量为60～75千克，在塘底挖若干个小坑，坑口要高出水面15厘米，然后将生石灰倒入，待其全部吸水融化后，趁热进行全池泼洒，务必保证池塘四周全部泼到。第二天用泥耙或其他工具将淤泥翻动一次，填平小坑，经3～5天晒塘后注入新水。注水时，进水口用60目筛绢网袋过滤，防止野杂鱼和其他敌害生物随水进入虾塘。

② 带水清塘　按每亩水深1米，用生石灰125～300千克，加水融化，全池泼洒。为了使生石灰分布均匀，用竹排或小船在塘中

来回搅动，效果更好。

生石灰清塘，不仅可以杀死病菌、野杂鱼、水网藻等敌害生物，而且还能增加池塘钙肥，改良池塘底质，是小龙虾养殖池塘首选的清塘方法，但使用时要注意药效，生石灰放置过久或保存不当，就会吸水降低药效，从而失去杀菌、除野的效能。因此，最好选用刚出窑的新鲜生石灰。生石灰清塘后，药效一般在7～8天后消失。

（2）漂白粉等含氯制剂　这些制剂都是很好的杀菌药物，能杀灭各种病原微生物，使用时也有干法清塘和带水清塘两种，用量视制剂类型和有效含氯量而定，药效一般为用后4～5天消失。含氯制剂保存与使用时不宜使用金属容器，泼洒时，人要站在上风处，防止使用人中毒或衣服被沾染而腐蚀。

（3）茶籽粕或巴豆　茶籽粕含有皂素和皂角甙，是一种溶血性毒素，能使鱼类和其他水生动物的红细胞融化而死亡。茶籽粕只能带水清塘，每亩水深1米的用量为35～40千克，使用时打碎，用水浸泡一夜，然后连渣带水均匀泼洒全塘，若用开水浸泡2～3小时再用效果更好，用药量可以减少一半。茶籽粕清塘，只能杀灭红色血液动物，对小龙虾等甲壳类动物无害，因此，用该药清塘，可马上放养小龙虾苗种。

巴豆，是江浙一带鱼塘的清塘药物。内含巴豆素，是一种有毒的蛋白质，能使野杂鱼血液凝固而死。巴豆只能杀灭大部分鱼类，对致病菌和寄生虫、蛙卵、蝌蚪、水生昆虫没有杀灭作用，也没有改良底泥的作用，毒性消失时间10天左右。每亩平均水深1米，用量为3～5千克。使用时将巴豆磨碎装入坛内，用3%盐水浸泡密封，经2～3天后将巴豆连渣带汁稀释后全池均匀泼洒。巴豆对人的毒性很大，有的人接触或者熏染到巴豆的气味后头和手脚都会发肿。施巴豆后，池塘附近的蔬菜等需要过5～10天后才能食用。但小龙虾池使用巴豆清塘不影响及时放养苗种。

以上是三类常规的清塘药物，具体使用哪种，应根据需要灵活掌握。目前市场清塘药物品种较多，也有专杀鱼类、泥鳅、蝌蚪、螺蛳、钉螺而对虾、蟹影响不大的清塘药物。笔者认为，生石灰清塘，尽管劳动强度较大，但作为小龙虾主养池塘仍是最好的清塘方法。

5. 施基肥

池塘主养时，刚放养的小龙虾苗种，一般个体小，尤其是秋季放养的幼虾，体长只有 2～3 厘米，活动范围小，摄食能力较弱；人工投喂的饲料，由于数量少，覆盖范围小，常常不能满足所有小龙虾摄食需求。因此，在池塘中施用有机肥料培养饵料生物就显得非常重要，及时、充足的饵料生物，可以提高虾苗放养成活率。各种粪肥中，规模化养殖场的猪粪使用效果较好，因为猪粪中既含有充足的麸糠类有机碎屑，又不会像鸡粪那样，肥效太猛，水质难以控制。

基肥施用数量和方法应根据池塘具体情况而定，新开挖虾池，或淤泥较少的池塘，每亩施用腐熟有机肥 200 千克左右，可以在池塘清整、消毒后，用铁锹将粪肥均匀撒入池塘；淤泥超过 20 厘米的老池塘，可以不施基肥，或在池底埋肥。埋肥既不会造成池塘过肥，又可以构建池底饵料生物床，促进枝角类等浮游动物、线虫、水蚯蚓等底栖生物持续产生，为小龙虾提供优质的饵料生物。埋肥的方法为：先在池底开挖若干条沟（宽 20～30 厘米，深 15～30 厘米），再将粪肥埋入沟中，然后在粪肥上端盖少许泥，保持粪肥露出宽度 15～20 厘米，形成半埋半露的施肥效果。

二、水草栽培

小龙虾属甲壳类动物，生长是通过多次蜕壳来完成的，小龙虾的每次蜕壳都是其生命最脆弱的时期，自然水域中各类水草为小龙虾提供了隐蔽场所，养殖池塘人工种植的各类水草成为小龙虾蜕壳时唯一的隐蔽场所，因此，水草多少决定着小龙虾的成活率。池塘中人工种植的水草，除为小龙虾提供蜕壳的隐蔽场所外，还是小龙虾生长发育不可缺少的食物，同时，茂盛的水草，犹如水底的“生态林”、“经济林”，也为虾池生态修复与维护起到不可替代的重要作用。

1. 水草作用

（1）重要的营养源　水草茎叶富含维生素 C、维生素 E、维生素 B_{12} 等，可补充动物性饲料中维生素的不足，其含有的钙、磷和多种微量元素及粗纤维，有助于小龙虾对多种食物的消化和吸收，有助于其蜕壳生长。

（2）不可缺少的栖息场所和隐蔽物　小龙虾游泳能力差，只能在水中作短暂的游泳，其余时间都在水草丛中觅食和栖息，蜕壳时，更是需要利用茂密的水草作为隐蔽物和支撑物。刚蜕壳的小龙虾身体柔软，运动能力更差，常常静卧于水草上几个小时不动，因此，水草对提高小龙虾蜕壳成活率具有重要作用。

（3）净化和维持水质　池塘中水草的存在，减少了风浪对池水的扰动，为悬浮固体的沉淀创造了更好的条件；其丰富的根系和茎叶既可以从池底淤泥中吸收营养物质，也可以从周围的水体中摄取由各类污染物分解而来的营养物质和重金属，起到净化水质的作用。此外，水草的存在，还为各种有益细菌、原生动物、光合自养藻类等提供附着基质和栖息场所，形成大量的生物膜群落，这些生物的新陈代谢作用，大大加速了有机胶体和悬浮物的分解。当然，水草作为绿色植物，其光合作用产生的氧气，在为好氧微生物提供良好条件的同时，也为小龙虾的生活和生长提供了优越的生态环境。

（4）对提高小龙虾品质起到重要作用　虾池丰富的水草，一方面保证了小龙虾具有干净的栖息场所，避免小龙虾因底泥和洞穴生活而造成其体色灰暗现象；另一方面净化并维持养殖水体的清爽、较高的透明度，促进了小龙虾体色光亮，肉质鲜美，保证了较好的商品品质。

"虾大小，看草多少"是指小龙虾养殖池的水草品种和数量决定着小龙虾质量和数量。养殖实践充分证明，虾塘没草，或即使前期种了草，中后期没能保住水草的池塘，养殖的小龙虾个体小、甲壳硬、颜色差（一般呈苍白或铁锈色），产量也低。因此，小龙虾池塘必须像河蟹养殖池塘那样，人工栽培足量、适宜的水草，这是决定小龙虾池塘主养是否成功的关键。

2. 水草种类与栽培技术

根据江苏省盱眙地区小龙虾池塘养殖实践总结，虾池水草仍像河蟹养殖池那样，以沉水植物为好，水花生、水葫芦等漂浮植物和陆生植物只能作为沉水植物缺乏时的不得已的补充。栽培沉水性植物时，要根据“多品种搭配，池塘适度覆盖”原则来进行。所谓“适度”，是指在小龙虾生长期内，养殖池塘的水草覆盖面积在60%左右。水草全池无空隙的覆盖，小龙虾活动空间受限，影响小龙虾捕捞和销售；过少，则会因为小龙虾的摄食，造成中后期虾池无草，直接造成小龙虾主养的失败。所谓“多品种”，是指根据小龙虾取食水草品种的喜好和不同品种水草具有不一样的生长温度，在虾池中搭配栽培不同品种的水草，确保小龙虾整个养殖期内都有适口和充足的水草取食。虾池适宜栽培的沉水植物主要有以下几种：伊乐藻（*Elodea nuttallii*，又名四季青）、苦草（*Vallisneria spiralis* L.，又名面条草）、轮叶黑藻［*Hydrilla uerticillata*（L. f.）Royle，又名黑藻］、金鱼藻（*Ceratophyllum demersum*，又名红头绳草、毛刷草）、眼子菜属［名马来眼子菜（*Potamogeton malaianus* Miq）］、菹草（*Potamogeton crispus* L，又名虾藻、札草）、水车前［*alisnuides*（L.）Pers］、大叶海棠花［*Ottelia esquirolii*（Levl，et Vant.）dandy］、有尾水筛［*Blyxa echinosperma*（C. B. Clarke）Hook. f］。

上述仅罗列了小龙虾喜食的一些沉水植物品种，以下重点介绍苏皖地区虾池使用较多的几种水草及其栽培养护技术。

（1）伊乐藻栽培技术　伊乐藻，原产于北美洲加拿大，为多年生沉水植物，与我国的苦草、轮叶黑藻同属水鳖科、伊乐藻属。我国移植的为纽氏伊乐藻。为解决水体污染问题，欧洲、日本先后移植，中国科学院南京地理与湖泊研究所于20世纪80年代从日本引入太湖。近年来，该草广泛应用于河蟹养殖、种草养鱼和大水体生态修复，取得了很好的成效。它是一种优质、速生、高产的沉水植物，具有高产、抗寒、营养丰富、四季常青等优异的生长和生产性能，苏皖地区养殖户昵称为“四季青”。

① 伊乐藻优点

a. 适应性强　伊乐藻水温5℃以上即可萌发，10℃即开始生长，18～22℃生长最为旺盛。在长江流域，通常4～5月、10～11月生物量最高。水温达到30℃以上时，生长明显减弱，此时，草叶发黄，部分植株顶端枯萎，继而根部腐烂而成片上浮水面，待9月水温下降后，部分枯萎植株颈部又开始萌生新根，开始新一轮的生长旺季。该草在寒冷的冬季能以营养体越冬，早春季节，当苦草、轮叶黑藻尚未发芽时，它开始大量生长，并很快在虾池形成“水下森林”。

b. 生命力强、产量高　伊乐藻逢节生根，切段后，每一节均可以萌发生长，而且发棵早，分蘖能力强，生命力特别强。秋冬或早春栽种1千克伊乐藻营养草茎，专门种草的池塘当年可产鲜草百吨。虾池种植1千克伊乐藻种苗，年产伊乐藻可达7吨以上。

c. 营养丰富、虾池生态环境稳定　伊乐藻植株鲜嫩，叶片柔软，适口性好，其营养成分高于苦草、轮叶黑藻（表3-1），是小龙虾的优质青饲料。伊乐藻生长旺盛的虾池，小龙虾生长迅速，病害少，品质佳。

表3-1　江苏滆湖几种水草的营养成分比较/%

种类	干物质	粗蛋白	粗脂肪	无氮浸出物	粗灰分	粗纤维
伊乐藻	9.77	2.43	0.49	3.50	1.89	1.46
苦草	4.66	1.02	0.25	1.78	0.92	0.59
轮叶黑藻	7.27	1.42	0.40	2.62	1.67	1.16
菹草	11.29	2.31	0.37	5.87	1.48	1.26

根据盱眙地区小龙虾养殖实践，伊乐藻是小龙虾主养池塘首选的栽培品种，因为，小龙虾食性杂、吃食量大，当饵料不足时，小龙虾对虾池水草的破坏性也大，苦草、轮叶黑藻的再生能力差，被小龙虾取食或从根部夹断后，很难恢复，而伊乐藻再生能力强，适宜温度内，被小龙虾夹断的茎叶都能在池塘继续生长。因此，栽培伊乐藻的虾池，水下生态环境不易被小龙虾破坏。

d. 脱氮、脱磷能力强，水质净化效果好　研究证明，伊乐藻生长迅速，快速增加的伊乐藻生物量，不断将虾池底泥和水体中氮、磷等营养物质吸收转化，小龙虾再将这些优质的鲜草摄食、转化，虾池污染物持续减少。这种物质的良性转移，客观上起到了脱氮、脱磷作用，虾池伊乐藻生长越好，脱氮、脱磷作用越强。因此，伊乐藻栽培效果好的池塘，透明度大，溶解氧含量高，水质清新。

② 栽培方法　一般于水温10℃左右时移栽，江苏地区适宜的栽培季节为每年的10～11月，翌年的2～3月。由于小龙虾主要的生长季节为每年的4～6月，因此，小龙虾主养池塘的伊乐藻移栽应于上一年的10月中旬进行，此时移植的伊乐藻可以在冬前萌发生根，冬季仍可以缓慢生长，翌年开春温度适宜后可以迅速分蘖生长，保证了小龙虾在快速生长的前期就有适口、充足的水草可吃。

a. 池塘移栽　在池塘清整消毒，药物毒性基本消失后，池底留水深10～15厘米，将准备好的伊乐藻茎秆扦插到底泥中。具体做法有两种：一种是经保种或购买的伊乐藻植株切成10～15厘米长的草茎，5～10根为一簇插入泥中3～5厘米，每簇之间的距离为60～80厘米，沿虾池东西向每10米留3～5米空白地带，其余部分均匀分布，空白地带可以移植其他品种水草，也可以不再移植水草，作为小龙虾捕捞时下地笼之用；伊乐藻移植好后，加水浸没水草上端10厘米，并保持水位，直至水草生根萌发再逐渐加高水位。另一种是先将池水彻底排干，再将切好的伊乐藻草茎直接均匀撒入虾池底泥上，用竹扫帚将伊乐藻压入淤泥3～5厘米，逐渐加水促进草茎萌发生根。后一种方法也要在池底留下空白地带，可以是“井”字形，也可是“十”字形，便于鱼虾活动。

b. 栽后管理　伊乐藻虽然具有诸多优点，但是，它也有缺点，那就是怕高温，当水温达到25℃以上时，其生长速度明显减缓，茎叶开始老化，水温超过30℃且上端露出水面时，就会出现死亡腐烂现象。因此，伊乐藻栽培后也要进行有效的管理。防高温的措施有两种：一是定期加水，提高虾池水位，保证伊乐藻的顶端始终低于水面30厘米，这种方法只能适宜于虾池较深，又有充足水源的地方使用；二是定期戗割伊乐藻上端茎叶，保持留下的伊乐藻在水面以下30厘米。对于池塘底泥少或刚开挖的池塘，移栽前期和生长旺季适当施用尿素或复合肥，可以促进伊乐藻更好地生长，防止因为小龙虾取食而无法生长造成移栽失败。

（2）轮叶黑藻栽培技术　轮叶黑藻，俗称竹节温草、温丝草、转转薇等，属水鳖科、黑藻属单子叶多年生沉水植物。茎直立细长，长50～80厘米，叶4～8片轮生，通常4～6片，长1.5厘米左右，广泛分布于池塘、湖泊和沟渠中，其茎叶鲜嫩，历来是虾蟹、草鱼、团头鲂喜食的优质水草。

① 繁殖特性　轮叶黑藻为雌雄异体，花白色，较小，果实呈三角棒形。秋末开始无性繁殖，在枝尖形成特化的营养繁殖器官鳞状芽胞，俗称“天果”，根部形成白色的“地果”。冬季天果沉入水底，被淤泥覆盖，进入休眠期，当水温达到10℃以上时，芽胞开始萌发生长，前端生长点顶出泥土，茎叶见光呈绿色。同时随着芽胞的伸长，在基部叶腋处萌发出不定根，形成新的植株，长成的植株可以断枝再植。

② 人工栽培　轮叶黑藻属于“假根尖”植物，只有须状不定根，每年的4～8月处于营养生长阶段，枝尖插植后，3天即可生根形成植株。

a. 营养体移植繁殖　谷雨前后，将池水排干，将轮叶黑藻切成8厘米左右的小段，按每亩30～50千克的用量均匀地撒入池底，用竹扫帚将撒好的小段轻压入泥3～5厘米，加水15厘米左右，约20天后再加水至30厘米，以后随着轮叶黑藻的生长逐渐加高水位，保持水草不露出水面。移植初期应保持水质清新，不能干水，不宜使用化肥。

b. 芽孢的种植　每年的12月至翌年的3月为轮叶黑藻芽孢的播种期。播种前将池水降低至10～15厘米，每隔50～60厘米距离播种一穴，每穴播种芽孢3～5粒，行距60～80厘米，每亩用种0.5～1千克；也可以按上述用量将芽孢与3～4倍泥土混合均匀，全池撒播。这种方法，苗期较长，适合于专池轮叶黑藻育苗使用，水温上升到15℃以上时，芽孢5～10天发芽，优质芽孢的出苗率一般为95%。已经放养小龙虾的池塘用这种方法栽培轮叶黑藻，需先用网围将种草区隔离起来，待水草长大后再将网围撤除，防止刚出芽的轮叶黑藻被小龙虾取食，造成种草失败。

c. 植株的种植　在每年的5～8月，天然水域的轮叶黑藻已经长成，长度可达40～60厘米，可以将这些轮叶黑藻捞出，切成20厘米左右，拌泥均匀撒入虾池，每亩用量100～200千克。入池的轮叶黑藻一部分被小龙虾直接取食，一部分生根存活，可以起到虾塘种草不足的补充作用。

根据盱眙地区养殖实践，小龙虾主养池塘单种轮叶黑藻，效果很不理想。一是因为该草适宜的生长季节正是小龙虾摄食水草的旺盛季节，无论采取何种栽培方法，刚移栽的轮叶黑藻都不易安静地生长；二是小龙虾食量大，轮叶黑藻的再生能力差，即便是已经栽培成功的轮叶黑藻也满足不了不断长大的小龙虾的需要，往往造成小龙虾养殖池前期满池水草，中后期寸草不留，造成小龙虾养殖失败。因此，轮叶黑藻只能作为小龙虾主养池塘栽培水草的搭配品种，上述“围虾养草”措施可以起到虾池“轮牧”的效果，已在虾蟹养殖的发达地区推广应用。

（3）苦草栽培技术　苦草，俗称面条草、扁担草，叶丛生，扁担状，长30～50厘米、宽0.4～1.0厘米，深绿色，前段钝圆，基部乳白色。生长时匍匐茎在水底蔓延。

① 繁殖特性　苦草雌雄异株，雄花形成总状花序，柄长1～8厘米，着生于植物体基部，成熟后花苞裂开，花轴浮于水面，由水流授粉；雌花具细长而卷曲花柄，长度依生长的水深而定。雌花成熟时，也浮于水面，雌蕊1枚，具3个柱头，子房下位，长10～15厘米，内含大量胚珠，受精后花柄卷曲成螺纹状，果荚沉入水中。成熟时果荚内紧密排列大量籽实体，果荚长5～15厘米。

② 栽培方法　苦草只能播种移植，每年的4月中旬，水温上升到15℃以上时播种。先选择晴天将苦草果荚暴晒1～2天，然后用水浸泡12小时，捞出后反复搓揉，使种子与果荚分离，清洗种子上的黏液，再将种子与半干半湿细土混合，按每亩50克的用种量全池撒播。撒种后池塘应保持水位5～20厘米，4～5天苦草种子开始发芽，15天左右出苗率一般可达98%。

③ 后期管理　出芽后的苦草在池底生长蔓延的速度很快，为抑制苦草叶片营养生长，促进分蘖，5月中旬以前池塘水位应控制在30厘米以下，以后逐渐加高水位。小龙虾喜食苦草的匍匐茎，因此，虾池中经常有苦草上浮到水面，夏季水温高时，为防止其腐败破坏水质，应及时捞出。

（4）金鱼藻栽培技术　金鱼藻，俗称红头绳草、松鼠尾、毛刷草。属悬浮于水中的多年水生草本植物，植物体从种子发芽到成熟均没有根。叶8～10片，轮生，边缘有散生的刺状细齿；茎平滑而细长，可达60厘米左右，金鱼藻生长与光照关系密切，当水过于浑浊、水中透入光线较少时，金鱼藻生长不好，水清透入阳光后仍可恢复生长，但强烈光照下金鱼藻也会死亡。金鱼藻在 pH 值 7.1～9.2 的水中均可正常生长，但以 pH 值 7.6～8.8 最为适宜。金鱼藻对水温要求较宽，但对结冰较为敏感，在冰中几天内即冻死。金鱼藻是喜氮植物，水中无机氮含量高生长较好。该草多生长于湖泊静水处，生长旺盛，嫩绿多汁，虾蟹特别喜食，而草鱼、团头鲂不吃。池塘栽培时，每亩水面一季可产鲜草 5000 千克以上。

① 繁殖特性　金鱼藻开花期在 6～7 月，结果期 8～9 月。雄花成熟后，雄蕊脱离母体上升到水面，并开裂散出花粉，花粉比重较大，慢慢下沉到达水下雌花柱头上，授粉受精，这一过程只有在静水中进行。果实成熟后下沉至泥底，休眠越冬。种子具坚硬的外壳，有较长的休眠期，早春种子在泥中萌发，向上生长可达水面，种子萌发时胚根不伸长，故植株无根，而以长入土中的叶状枝固定株体，同时基部侧枝也发育出很细的全裂叶，类似白色细线的根状枝，既固定植株，又吸收营养。

此外，金鱼藻也可以利用越冬顶芽繁育成新的植株。秋季光照渐短，气温下降时，侧枝顶端停止生长，叶密集成叶簇，色变深绿，角质增厚，并积累淀粉等养分，成为一种特殊的营养繁殖体即休眠顶芽，此时植株变脆，顶芽很易脱落，沉入泥中休眠越冬，第二年春天萌发为新株。在生长期中，折断的植株可随时发育。

② 栽培方法　移栽时间在 4 月中下旬，或当地水温稳定在 11℃以上时，起苗前要注意天气变化，大风天气移栽易造成嫩头失水枯死，下雨天移栽最好。将事先准备好的苗起水理顺，再根据虾池水深切成适宜长度，虾池补种水草时，水深 1.2～1.5 米时金鱼藻的草茎长度留 1.2 米，水深 0.5～0.6 米时草茎留 0.5 米。金鱼藻栽插密度一般为深水区 1.5 米×1.5 米栽 1 蓬，浅水区 1 米×1 米栽 1 蓬。栽插时人可以不下水，用小船装好金鱼藻苗，1 人划船 1 人栽插，轻拿轻栽，草顶齐水面为好。

栽插时，准备一些手指粗细的棍子，棍子长短视水深浅而定，以齐水面为宜。先在棍子一头 10 厘米处以橡皮筋绑上 3～4 根金鱼藻草茎（每蓬嫩头 10 个左右），然后将绑有金鱼藻的棍头插入淤泥 10 厘米即可。金鱼藻鲜草量大，且适应性强，因此，虾池栽培采用种子和越冬顶芽繁殖的较少，大都采用上述草茎栽插方法，其栽后管理也较为简单，主要是保持池水透明度，适当使用化肥。

以上几种水草为小龙虾养殖池塘常用的水草，主养池塘，小龙虾密度高，产量大，需要的水草量也大，因此，苏皖地区的小龙虾主养池塘一般以伊乐藻为主，苦草、金鱼藻、轮叶黑藻搭配栽培，早春低温时小龙虾可以取食伊乐藻，夏季有金鱼藻、轮叶黑藻，秋季有苦草等，保证小龙虾一年四季既具有隐蔽、栖息场所，又有适口、充足青绿饲料。

三、苗种放养

小龙虾主养池塘苗种主要来源于两种途径：一种是专池繁育的人工苗种，规格分1～3厘米和4～6厘米两种，这种苗种规格相对整齐，受伤较少，可以就近运输，计数下塘，放养成活率较高；另一种是放养成熟小龙虾，依靠其自繁能力，就养成池塘生产所需苗种，这种途径获得的小龙虾无需捕捞运输，但规格不整齐，数量无法准确计算，生产计划性较差。两种途径各有优缺点，后一种方法虽然育种成本低，但由于数量难以准确估算，后期的养殖管理难度较大，生产稳定性较差。目前，江苏盱眙等小龙虾养殖较早的地区已经推广使用前一种途径解决主养池塘苗种问题，取得了较好的饲养效果。以下就上述两种苗种来源分别介绍小龙虾主养模式的苗种放养技术。

1. 人工繁育苗种的放养

苏皖地区，小龙虾苗种的人工繁育工作，一般开始于每年的9～10月份，10月初，成熟的小龙虾雌虾抱卵率可达90%以上。10月初的小龙虾繁育池中，早期的受精卵已经孵化出苗，后期的受精卵则由于水温逐渐下降，抱卵虾带卵越冬，翌年春天，受精卵相继孵化成虾苗。因此，正常温度下，小龙虾人工繁殖苗种放养分成以下两种模式。

（1）秋季放养　此时的小龙虾人工苗种规格较小，一般在1～3厘米之间，小规格的虾苗生命比较脆弱，操作要求较高，应做好以下几方面的工作。

① 捕捞与运输　规格为1～3厘米的虾苗，无法用地笼诱捕，

只能用抄网诱捕，具体方法：先将繁育池中附着物（包含水草）聚拢成簇，后用三角抄网从下端将附着物全部兜起，再将附着物轻轻抖动，并移出抄网，清除附着物碎屑，剩下的就是虾苗了，再将这些虾苗带水移入暂养网箱，等待运输放养。捕捞时尽可能带水操作，避免受伤，减少小龙虾苗种应激反应。网箱暂养时要有充气增氧设施，且暂养时间尽可能缩短，防止长时间暂养在一起的小龙虾苗种抱团，相互伤害。

小规格的小龙虾苗种，壳薄易伤，一般采用氧气袋充氧运输，运输方法参见第五章第二节。

② 数量与放养

a. 数量　主养池塘具体放养量依产量计划和管理水平而定，管理水平高的养殖户，可以将目标产量定高些。江苏盱眙地区养虾技术较好的养殖户一般将小龙虾出池规格定在25尾/千克以上，目标亩产量定为150～250千克。放养量可以用下列公式进行计算。

$$L=S\times K\times l/r$$

式中：L 表示放养量（尾）；S 表示虾池面积（亩）；K 表示目标亩产量（千克/亩）；l 表示预计出池规格（尾/千克）；r 表示预计成活率（%），小规格苗种的综合成活率一般为40%。

b. 放养　虾苗要求体质健壮，无病无伤，附肢完整，同一池虾苗应规格整齐，并尽可能一次放足。放养时沿池塘四周分散放养，时间选在晴天早晨或阴雨天，避免阳光直晒，虾苗入池前应做缓温处理，入池温度与虾池水温差不要超过2℃。缓苗方法为：将氧气袋中的虾苗连水一起倒入长桶中或泡沫箱中，然后缓慢加入池水，直至桶中水的温度与池水一致，然后将虾苗连水一起缓缓倒入虾池。

秋季放养的小龙虾苗种，很快就要进入越冬季节，因此，这种放养模式的小龙虾池塘必须提前做好池塘清整、消毒，并按上述水草栽培方法于10月上旬前栽种伊乐藻，提前营造好虾池生态环境。越冬前，每亩施用腐熟猪粪200千克，增加虾池有机碎屑。优良环境下，小龙虾越冬期间仍能缓慢生长，为开春后小龙虾快速生长打下良好基础。这种放养模式，小龙虾商品虾的出池时间可以提前到翌年5月上旬，此时，小龙虾销售价格一般为全年最高，秋季放养可以促进小龙虾养殖效益的提高。

秋季放养小龙虾，苗种也可以来自于工厂化繁育设施。由于工厂化繁育设施一般采用加温措施促进受精卵提早孵化，因此，工厂化设施繁育的苗种外放时必须做好降温处理，计算放养量时，预计成活率可以下调3%～5%。

(2) 春季放养 虾苗放养的主要季节在春季，当水温达到15℃以上时，专池繁育的小龙虾抱卵虾陆续出洞觅食，受精卵也相继孵化出膜，适宜的温度和环境，苗种快速蜕壳生长，一般在5月中旬可以达到4～6厘米大规格苗种规格，可以用密眼地笼诱捕放养。为保证放养成活率，也应该做好以下工作。

① 质量要求 作为主养池塘放养的虾苗，要求规格一致、颜色鲜亮、附肢完整、体质健壮，剔除蜕壳软虾和已经发红的“老头虾”。外购的虾苗，必须保证来源于人工专池繁育，运输时间不超过5小时。

② 放养前处理 采用干法运输的苗种，运达虾池后，先用池水反复喷淋虾苗5～10分钟，或将虾苗装运容器带苗一起放入虾池缓苗3～4次，再经3%食盐水浸浴2～3分钟，然后按放养计划计数下塘（彩图22）。

③ 数量 根据上述放养公式计算放养量。由于苗种规格较大，其中，预计成活率一般调整为60%。如果虾苗来于自我配套的苗种繁育池，无需装车运输，成活率可以调整为75%。

④ 放养 大规格苗种的运动能力较强，放养时，可以沿虾池一边放入水中，也可以将处理好的虾苗从船上沿水草较多的地方撒入。

2. 放养亲本繁育小龙虾苗种

(1) 亲虾收集与放养 一般在8～9月，在附近河流、湖泊等水质良好的大水体中，采集性成熟的优质小龙虾作为繁殖亲本，也可以从生态条件良好的池塘养殖小龙虾中选留，但后一种来源，雌雄亲虾最好来源于不同养殖池塘，防止小龙虾近亲繁殖。为保证品质，采捕小龙虾亲虾的捕捞工具最好采用虾笼、虾罾等；选留的小龙虾体重应在35克以上，附肢完整、体质健壮、色质暗红而光泽，雌雄比为（1～3）∶1。放养数量一般为2～3千克/亩，亲虾放养时经福尔马林溶液浸浴，杀灭虾体附着生物。

亲虾选留与放养遵循“宜大不宜小，宜早不宜迟，宜少不宜多”的原则。所谓“宜大不宜小”，是指选留的亲虾必须是性成熟的，个体尽可能大些，可以保证产卵率和后代的生长性能；“宜早不宜迟”是指放养时间尽可能提前，促进小龙虾亲本提早产卵，争取冬前完成小龙虾受精卵孵化工作，为有计划成虾养殖打好苗种基础；“宜少不宜多”是指根据小龙虾商品虾生产计划和小龙虾繁殖能力，准确估算小龙虾苗种生产能力，在满足需要的情况下，尽可能减少亲虾的放养数量，避免苗种过多对虾池生态环境的破坏。

目前，仍有小龙虾养殖户依靠成虾养殖池捕捞后遗留下的小龙虾解决下一年苗种问题，既不知道留池小龙虾品质，更不知具体数量，造成翌年小龙虾苗种数量与质量的无法把握，环境营造和生产管理难度较大，这也是养虾户产量与效益不稳定的主要原因。因此，笔者建议养虾户必须转变小龙虾苗种生产与供应观念，高度重视小龙虾苗种有计划生产和供应，提高养殖生产的可控性。

(2) 越冬管理 成熟的小龙虾亲本放入新环境后，很快掘洞，并陆续交配、产卵，早期的受精卵孵化出苗，仔虾进入虾池觅食生长，后期的受精卵在雌虾的保护下越冬，翌年温度适宜时再孵化成仔虾。因此，越冬期间，既要做好幼虾培育工作，也要保护好洞中抱卵虾。主要措施：一是每亩施用腐熟有机肥 100～200 千克，增加池塘有机碎屑；二是保持池塘正常水位，如果冬季水源枯竭，无法保持水位，应在小龙虾洞穴处覆盖稻草等保温设施，防止穴居亲虾冻死；三是增加捕鼠设施，预防老鼠对穴居小龙虾侵害。

(3) 幼虾前期强化培育 亲虾入池后，应经常观察，当有30%雌虾出洞带仔觅食时，开始小龙虾苗种的幼虾前期培育工作。具体措施：一是及时下地笼捕出产后亲虾；二是每天泼洒黄豆浆 1 次，用量为 1～1.5 千克/亩，连续 5～7 天。

四、饲料选择与保存

小龙虾是典型的杂食性动物。它既可以摄食植物茎叶、有机碎屑、底栖藻类、丝状藻类、谷物饲料等植物性饲料，也可以摄食水生昆虫、陆生昆虫幼体、环节动物、小杂鱼、贝类等动物性饲料，尤其喜食螺蚌肉、小杂鱼等水生动物性饵料。

池塘养殖时，饲料的质量直接关系到小龙虾的健康和品质，池塘主养小龙虾，想要获得较好的效益，必须选择优质的饲料并采用合理的投喂方法。

1. 饲料选择

小龙虾的基础饲料，主要可以分为动物性饲料、植物性饲料、微生物饲料三大类，人工配合饲料是在这三大类基础上经过加工复配而成。其中，从小龙虾喜好性来看，动物性饲料优于植物性饲料，水生动物性饲料优于陆生动物性饲料。

（1）动物性饲料　包括虾池中自然生长的种类和人工投喂的种类。虾池中自然生长的动物性饲料又包含枝角类、桡足类在内的浮游动物，线虫类动物，蚯蚓等环节动物，螺、蚌、蚬等软体动物等；人工动物性饲料包括小杂鱼、蚕蛹、动物加工下脚料及鱼粉、虾粉等。

螺蛳含肉率为22%～25%，蚬类含肉率为20%左右，这两种软体动物是自然水域中小龙虾的动物性饵料的主要来源，小龙虾主养池塘中，可以从自然水域中移殖螺蚬亲本，在虾塘优良的生态环境中，螺蚬可以自我增殖，既为小龙虾提供了适口的鲜活饵料，螺蚬的摄食、生长又能起到改善水质的作用。鱼粉、蚕蛹是优质的动物性干性蛋白源，特别是鱼粉，产量大，来源广，是各种水产类人工配合饲料中不可缺少的主要成分。

（2）植物性饲料　包括浮游植物、水生植物的茎叶、陆生植物嫩叶、谷物及加工后麸糠类、各种饼粕类、酒糟等。在植物性饵料中，豆类是优质的植物蛋白源，特别是大豆，干物质的粗蛋白质含量高达38%～48%，豆饼中的可消化蛋白质含量也达40%左右，大豆不仅蛋白含量高，且氨基酸组成和小龙虾的氨基酸组成成分比较接近，用大豆制出的豆浆是小龙虾幼体极为重要的饲料，和单胞藻类、酵母、浮游动物等配合使用，可以解决小龙虾幼体初期蛋白来源。因此，大豆及其饼粕是小龙虾优质的植物蛋白源。此外，菜籽饼、棉籽饼、花生饼、糠类、麸类都是优良的蛋白质补充饲料，适当的配比有利于降低成本和满足小龙虾的生理要求。

植物除含有蛋白质、糖类之外，还含有小龙虾可以利用的纤维素和B族维生素、维生素C、维生素E、维生素K、胡萝卜素、磷和钙等营养物质，这些物质，可以促进生理机能更好地发挥作用，也使得小龙虾营养更均衡、品质更优良。因此，虾池种植水生植物等天然有机饵料，适口性好，营养丰富，新鲜味美，既净化了水质，保证了商品小龙虾的品质，也降低了人工饲料的投入成本。

(3) 微生物饲料　主要是指酵母类微生物。各类酵母含有很高的蛋白质、维生素和多种小龙虾必需氨基酸，特别是赖氨酸、B族维生素、维生素D等含量较高，配合饲料中常适量添加，如啤酒酵母等。目前在饲料开发中显得日益重要的活菌制剂，是由一种或几种有益微生物复合制成的饲料添加剂，这些活菌，既可以在养殖对象体内产生或促进产生多种消化酶、维生素、生物活性物质，也是重要的蛋白质来源，有的制剂还能够抑制病原微生物，维持消化道中的微生物动态平衡。利用耐高温芽孢菌发酵饲料原料做成的生物饲料投喂试验证明，小龙虾不仅生长快，品质也有一定程度的提升。

(4) 人工配合饲料　将动物性饵料和植物性饵料按照小龙虾的营养需求，确定合适的配方，再根据小龙虾不同生长阶段生产不同营养成分、不同粒径的颗粒饲料可以满足小龙虾商品生产全过程需要。由于小龙虾是咀嚼型口器，饲料应具有一定的黏性，黏性大小以饲料泡水后3个小时不散开为宜。

小龙虾不同的生长阶段，人工配合饲料蛋白质含量要求也不同，幼虾饲料蛋白质含量要求达到35%以上，成虾饲料要求达到30%以上。下面是两种人工配合饲料的配方，供自配饲料的养虾户参考。

幼虾饲料粗蛋白含量37.4%，各种原料配比为：鱼粉20%，发酵血粉13%，豆饼22%，棉仁饼15%，次粉11%，玉米粉9.6%，骨粉3%，酵母粉2%，多种维生素预混料1.3%，蜕壳素0.1%，淀粉3%。

成虾饲料粗蛋白含量30.1%，配比为：鱼粉5%，发酵血粉10%，豆饼30%，棉仁饼10%，次粉25%，玉米粉10%，骨粉5%，酵母粉2%，多种维生素预混料1.3%，蜕壳素0.1%，淀粉1.6%。其中豆饼、棉仁饼、次粉、玉米等在预混前再次粉碎，制粒后经2天以上晾干，以防饲料变质。

两种饲料配方中，另加占总量0.6%的水产饲料黏合剂，以增加饲料耐水时间。

2. 合理搭配与保存

（1）合理搭配　小龙虾喜欢摄食动物性饵料，但动物性饵料投喂比例高了会增加养虾成本；而主要投喂植物性饵料，则直接影响小龙虾的摄食和生长发育。因此，保持一定比例的优质动物性饲料，合理搭配投喂植物性饲料，对于促进小龙虾的正常生长是至关重要的。根据养殖经验，小龙虾养殖全周期中，其饲料搭配上，一般动物性饲料占30%～40%、谷实类饲料占60%～70%较为适宜（水草类不计算在内）。这样的比例，基本上能满足小龙虾的生长需要。这种精、粗、青相结合的饲料搭配方法，在不同季节是有所侧重的。在开食的3～4月份，小龙虾摄食能力与强度较弱，要以投喂动物性饲料为主，4～7月是小龙虾主要的生长季节，应以人工配合饲料为主，此时也是伊乐藻等生长旺季，池塘栽培的青饲料可以满足小龙虾对青饲料的要求。如果池塘栽培不足，或后期养护不好，应多喂些金鱼藻、轮叶黑藻等青料。9～11月份小龙虾进入繁殖期间，则适当多喂些动物性饲料。苗种培育期间，更应该投喂蛋白质含量高、适口的碎屑状饲料，如豆浆、鱼粉、蚕蛹粉等。

（2）保存　小龙虾养殖过程中，自制饲料加工制粒后要正确保管，控制引起霉变的途径，勤于检查，发现问题及时解决，以保证饲料的保存质量，防止发生霉变。轻度霉变的饲料，会使虾采食量下降，消化率降低，生长速度减慢，严重霉变的饲料，会造成小龙虾中毒，甚至死亡。对于采购的饲料，也要检验是否发生霉变，一般通过闻气味、看颜色、看是否有结团现象、加热后辨别气味以及在显微镜下观察的办法来确定。

饲料霉变，是由于霉菌等微生物在适宜的环境条件下大量繁殖、生长，对饲料造成生物降解所引起。饲料霉变过程中蛋白质、脂肪、糖类受到分解，颜色和味感下降，饲料营养价值下降；饲料霉变所产生的黄曲霉毒素，会导致养殖动物肝脏和其他内脏器官受到破坏，造成贫血，免疫力严重下降。严重的会引发多种疾病甚至造成小龙虾中毒死亡。

霉变饲料产生的主要条件包括饲料包含的水分、较高的环境温度、较大的空气湿度、合适的酸碱度、贮存场所的阴闷环境、过长的贮存时间等。因此，预防虾类饲料的霉变，应分别从以下几个方面入手：一是水分，这是决定饲料中霉菌能否生长的重要因素，饲料中的水分分为结合水分和游离水分，游离水分是引起霉变的主要因素，当饲料中的水分含量大于11%时，就可以出现游离水分，这些水分作为微细水珠呈汽化状态存在于空隙之中，霉菌于是大量生长繁殖造成饲料霉变，饲料的水分总含量达到17%以上时，霉菌繁殖生长最快。小龙虾饲料含有较多的鱼粉和油脂，在潮湿环境下，更易发生脂肪的酸败和霉变。防止霉变方法，一是饲料加工过程中严格控制含水量，并使用高质量油脂；多雨地区或高湿环境中，使用塑料薄膜内膜套装纸袋包装饲料，防止干燥饲料堆放过程中吸收外界水分。二是控制温度，高温也是霉变的重要条件。霉菌在自然界有数万种之多，但高效繁殖时必须有适宜的高温。例如，曲霉属和青霉属最适繁殖和产毒温度为27～30℃、相对湿度为70%～100%。如果要控制霉变的发生，除控制饲料含水量外，还要控制饲料存放温度，使用冷藏库存放饲料最好。三是通风，饲料贮存场所通风良好，既可以防止环境湿度过大，也可以通过通风换气，降低存放温度；养虾场一般相对湿度较高，要特别注意梅雨季节的饲料贮存，增加通风，可以避免相对湿度超过75%的不良环境。饲料编织袋中如果没有隔层塑料薄膜，贮存时不要和地面及墙壁直接接触。四是缩短存放时间，一般环境下，饲料贮存时间不应超过1周，最好随买随用、随制随用。如果是自制饲料，注意每次制造量不要太多，即用即配为好。五是添加防腐剂，为防止小龙虾饲料霉变，可以添加防腐剂。延胡索酸及酯类防腐剂抗菌谱广、抑菌作用强，能够有效抑制微生物的生长和繁殖，是养虾户自制饲料时较好的防腐添加剂。但延胡索酸抑菌周期较短，如果是饲料厂家，可选用二丙酸铵之类作为防腐剂，抑菌周期可达1个月。

五、日常管理

1. 水质管理

养虾池塘经过一段时间的投饵喂养后，池底集聚的小龙虾粪便、残饵越来越多，随着这些有机废物的分解、腐化，虾池水色变浓，溶解氧、酸碱度下降，氨氮、亚态氮等水质指标逐渐上升，如果遇到阴雨或高温等不良天气，水质将加剧恶化。不良的水质环境，导致寄生虫、细菌等有害生物大量繁殖，小龙虾摄食下降，甚至停止摄食。长时间处于低氧、水质不良的环境中，小龙虾蜕壳速度下降，生长减缓，甚至停止生长。水质严重不良时，还能造成小龙虾死亡，致使养虾失败。因此，保持虾池优良的水质，是小龙虾池塘主养的主要日常工作之一。

（1）水质指标监测　小龙虾池塘养殖，定期监测水质指标是一项重要的日常管理工作，监测的指标有温度（水温、气温）、溶解氧（DO）、pH 值、氨氮、亚硝态氮、硫化氢，合格的小龙虾养殖指标为：DO＞3 毫克/升，7.0＜pH＜8.5，NH_4^+-N＜0.6 毫克/升，NH_2^--N＜0.01 毫克/升，H_2S＜0.1 毫克/升。透明度保持在 30～40 厘米。

指标监测时，应注意指标的可比性：测水温应使用水银温度计，要固定时间、地点和深度，一般是测定虾池平均水深 30 厘米的水温；测透明度时用沙氏盘（透明度板），每天下午测定一次，池水的透明度可反映水中悬浮物的多少，包括浮游生物、有机碎屑、淤泥和其他物质，它与小龙虾的生长、成活率、饵料生物的繁殖及高等水生植物的生长有直接的关系，是虾类养殖期间重点控制的因素，透明度过小，表明池水混浊度较高，水太肥，需要注换新水，透明度过大，表明水太瘦，需要追施肥料；测溶解氧用比色法或测溶解氧仪，每天黎明前和下午 2～3 时，各测一次溶解氧，以掌握虾池中溶解氧的动态变化。pH 值、氨氮、亚硝酸盐、硫化氢等其他指标也用专门的方法不定期测定，并将结果绘制成曲线，用以预测水质变化趋势，方便更好地进行水质管理。

（2）水位控制　小龙虾的养殖水位根据水温的变化而定，掌握“春浅、夏满”的原则。春季一般保持在 0.6～1 米，浅水有利于水草的生长、螺蛳的繁育和幼虾的蜕壳生长；夏季水温较高时，水深控制在 1～1.5 米，有利于小龙虾度过高温季节。

（3）适时换水　平时定期或不定期加注新水，原则是蜕壳高峰期不换水、雨后不换水、水质较差时多换水。一般每 15 天换水 1

次，高温季节每周换水1次，每次换水量为池水的20%～30%，使水质保持“嫩、爽”。在高密度池塘养殖小龙虾时，透明度要控制在40厘米左右，按照季节变化及水温、水质状况及时进行调整。

(4) 调节pH 每15天泼洒一次生石灰水，用量为1米水深时，每亩10千克，使池水pH值保持在7.5～8.5之间。生石灰的定期使用，既可以调节pH值，也可以增加水体钙离子浓度，促进小龙虾蜕壳生长。

(5) 定期使用微生物制剂改善水质 池塘主养虾池，应定期地向水体中泼洒光合细菌、芽孢杆菌等微生物制剂。微生物制剂经常使用，可以促进有益微生物形成优势菌群，抑制致病微生物的种群生长、繁殖，降低其危害程度，有益微生物可以分解水中有机废物，增加溶解氧，改善水质。

当发现水质败坏，且出现小龙虾上岸、攀爬甚至死亡等现象，必须尽快采取措施，改善水体环境。具体方法：先换掉部分老水，用溴氯海因等消毒剂对水体进行泼洒消毒，再加注新水至原来水位；3天后用枯草芽孢杆菌制剂全池泼洒，以后每隔10～15天，使用一次光合细菌制剂、芽孢杆菌制剂。

2. 水草养护

水草对于改善和稳定水质有积极作用。虾池水草养护决定着小龙虾养殖的成败。4～6月是小龙虾生长最快的季节，随着小龙虾不断长大，其摄食量将越来越大，此时，是小龙虾主养池塘水草养护的关键时期。实际生产中，经常出现因投饵不足，或因为特殊原因停饵3～5天，造成全池水草被吃光的现象。小龙虾前期生长得越好，预计产量越高，保护好水草的风险越大。因此，养护水草就成为小龙虾主养池塘重要的日常管理工作。各种水草养护方法因品种不同略有差异。

(1) 沉水植物的养护 当巡塘发现虾池下风处有新鲜水草茎叶聚集时，说明小龙虾因为饵料不足而大量取食水草。各种饵料中，小龙虾更喜欢摄食动物性饵料和人工配合饲料，因此，小龙虾因饥饿摄食水草时，增加人工饲料投喂量，满足小龙虾摄食需求，小龙虾取食水草的强度就会立即下降，水草就可以得到保护。为便于观察，每天巡塘时，应及时捞除漂浮起来的水草。

此外，伊乐藻怕高温，水温超过 28℃以上时，应加高水位，或戗割水面以下 30 厘米内的上部水草，保证伊乐藻顶端始终处于水面以下 30 厘米处；轮叶黑藻等春季萌发的水草，应在苗期用网将这些水草栽培区域隔离起来，防止小龙虾破坏尚处于萌发期的幼苗。小龙虾喜食苦草的地下嫩茎，应及时捞除上浮的苦草茎叶，防止这些茎叶腐败，对水质造成污染。

（2）飘浮植物的养护　在沉水植物不足，或因为养护不当，造成沉水植物被破坏时，应移植水葫芦、水浮莲、水花生等漂浮植物，这些植物既可以提供一定的绿色饲料，也可以起到隐蔽作用，高温季节，还能起到遮阴降温作用。但繁殖过盛时，造成全池覆盖，影响水质稳定和小龙虾生长，应将这些漂浮植物拦在固定区域或捆在一起，限制其移动，以免对小龙虾养殖造成负面影响。

3. 饲料投喂

（1）投喂次数　小龙虾池塘养殖，一般每天投喂饲料 2 次，时间分别为上午 7:00～9:00，下午 17:00～18:00。早春和晚秋水温较低时，每天下午投喂 1 次，时间为 16:00～17:00。小龙虾为夜行动物，夜晚摄食更旺盛，因此，日喂 2 次时，傍晚时投饲量应占全天的 2/3 左右。

（2）日投饲量　小龙虾摄食量较大，包含青饲料在内，每天的摄食量可达体重的 10%～15%，因此，池塘养殖时，当池塘适口水草充沛时，人工饲料投喂比例可以小些，一般为当时小龙虾体重的 5%～7%，水草不足时，投喂比例为 7%～10%。具体投喂多少最合适，要根据天气、温度、摄食情况进行及时增减。3～4 月水温上升到 10℃时，小龙虾刚开食，应该投喂动物性饲料或配合饲料，投喂比例可以在 1%～3%之间；4～6 月为小龙虾生长最旺盛季节，投喂比例已达到 5%～7%；高温季节和晚秋，小龙虾处于夏伏或繁殖阶段，投喂量在 3%～4%之间即可。这些投喂量仅是理论数据，日常生产上，一般是在虾池放置饵料盘 3～5 个，每天投饵后 2～3 小时检查一遍，3 小时尚未吃完，说明投喂量过大，下顿投喂量应酌情减少，如果 2 小时不到即吃完，说明投饵不足，应酌情增加。天气闷热、阴雨连绵或水质恶化，溶解氧下降时，小龙虾摄食量也会降低，可少喂或停喂。

（3）投喂地点 小龙虾具有占地盘习性，平坦的池塘中，小龙虾基本呈均匀分布，因此，池塘养虾时，应尽可能做到全池均匀投喂；池底不平整时，应多投喂在岸边浅水和浅滩处。

4. 增氧设施的使用

水中溶解氧是影响小龙虾生长的重要因素。溶解氧充足，小龙虾摄食旺盛，饲料利用率也高；溶解氧不足时，小龙虾产生生理不适，呼吸频率加快，能量消耗较多，饲料转换率下降，生长减缓。因此，溶解氧降低到小龙虾适宜范围以下时，应立即开动增氧设施，人为增加池塘溶解氧。

目前已有溶解氧监控设备，该设备将溶解氧监测装置和微孔增氧设备通过互联网连接起来，当溶解氧实时监测数据低于规定值时，自动开启空气压缩机将空气压入增氧管持续向水底增氧，管理人员也可以根据实际情况，手动控制增氧机工作，极大地方便了日常管理工作。如果没有使用溶解氧自动监控设备，人工控制增氧机工作时，应根据水体溶解氧变化规律，确定合适的增氧设备工作时间，一般阴雨天和高温季节半夜开机、日出后关机，增氧时间不少于6小时，其他时间，以午后开机2～3小时为宜。

微孔增氧管或盘使用一段时间后，会出现藻类附着过多而堵塞微孔的现象，应在巡塘工作中仔细观察，发现被藻类附着后应拿出水面暴晒，或经人工清洗后再用，保证所有充气管发挥作用。增氧机或罗茨鼓风机要注意保养，防止关键时刻开启不了。生产结束后，这些增氧设施应及时拆卸保养，并入库保管。

5. 定期检查、维修防逃设施

遇到大风、暴雨天气时更要注意，以防防逃设施遭到损坏而出现逃虾的现象。

6. 严防敌害生物危害

有的养虾池鼠害严重，一只老鼠一夜可吃掉上百只小龙虾，鱼鸟和水蛇对小龙虾也有威胁。要采取人力驱赶、工具捕捉、药物毒杀等方法尽可能减少敌害生物的危害。

7. 疾病预防

池塘养殖小龙虾，密度高，投饵多，水质易恶化而导致生病，要加强巡塘观察，发现不摄食、活动弱、附肢腐烂、体表有污物等异常情况，要抓紧作出诊断，迅速施药治疗，以减少养殖损失。

8. 做好池塘管理日志

工作人员应将早晚巡塘、水质监测、生长监测、投饲量、捕捞销售等日常管理情况详细记录，并根据养殖规律，及时制定下一步管理计划，实现养殖管理上的“有的放矢”。

第二节　虾、蟹混养

小龙虾与河蟹都是底栖的甲壳类爬行动物，生活在同一水层，取食的食物基本相同，都长有强而有力的大螯，都要蜕壳才能生长，都有较强的攻击行为，其生活习性具有很多相似之处，在同一水体中，属于同位竞争关系。因此，在河蟹养殖中，小龙虾一直被作为敌害生物对待，必须想方设法捕尽、杀尽，但由于小龙虾顽强的生存能力，往往事与愿违，河蟹养殖池总是可以见到小龙虾的身影，有时还会出现“有心栽花花不成、无心插柳柳成荫”的虾多蟹少现象，给河蟹养殖户带来较大的烦恼。近年来，随着小龙虾市场价格逐渐升高，“计划外”的小龙虾收入越来越大，河蟹养殖的风险反而因为小龙虾的出现而减小，于是，江苏地区的养蟹户开始有意识地套养小龙虾。方法得当的养蟹户，取得了较好的经济效益。江苏兴化地区还总结出“双百工程（50 千克河蟹、50 千克小龙虾）”的河蟹、小龙虾混养模式，为广大养殖户探索出了进一步挖掘蟹池潜力、降低河蟹养殖风险的新途径，下面就这种养殖模式作一些介绍，供虾蟹养殖户参考。

一、虾、蟹混养的基本原理

小龙虾与河蟹生活习性有很多相似之处，但也有不同的地方，虾、蟹混养时，就是利用这些不同之处，在不影响河蟹养殖效益的前提下，增加小龙虾产量，获得更高的经济效益。虾、蟹可以混养的理由有如下几个方面。

1. 适宜生长期不同

河蟹个体较大，养殖前期，生长相对较慢，3 月份放养，4～6 月水温较低时，一般只能蜕壳 2～3 次，个体一般在 30～50 克之间。此时的河蟹，摄食量小，活动范围少，江苏苏南地区河蟹养殖水平较高的地区，这个阶段的河蟹还围养在池塘较小的范围内，其他水面正在生长水草（即围蟹养草）；而小龙虾适宜生长的水温比河蟹低，一般水温在15～28℃生长最快，因此，4～6月份，小龙虾生长最快，如果提前做好苗种放养工作，经过2个多月的养殖，小龙虾可以蜕壳5～8次，达到30～60克规格，这样规格的小龙虾已是优质商品小龙虾，市场售价一般为全年最好。因此，生产上，蟹池套养小龙虾，可以充分利用蟹池时间、空间，挖掘池塘生产潜力，在基本不影响河蟹养殖的前提下，增加小龙虾的养殖收入。

2. 繁殖周期和方式不同

河蟹是海、河洄游性品种，在淡水的各种水体中生长、发育，秋季洄游至入海口，翌年4～6月繁殖后代。而小龙虾的繁殖季节为9～10月，受精卵也像河蟹一样，黏附于雌虾游泳足上，条件适宜时，秋季即可孵化出虾苗，冬季幼虾还能有所生长。大部分受精卵在翌年3～4月孵化出膜，4～6月份，水温适宜，饵料丰富，小龙虾生长迅速，60～70天即可达到商品规格。8月之后，又进入下一个繁殖周期。因此，繁殖周期和孵化方式的不同，为同一池塘混养这两种动物提供了方便。一是小龙虾的繁殖和孵化进程可以进行人为干预，使提前或滞后繁殖小龙虾苗种成为可能，提早开展小龙虾繁育，秋季或早春放养小龙虾苗种，可以充分利用养殖前期的河蟹池塘；二是小龙虾可以自主繁育，而河蟹不能，也为虾蟹混养时的计划放养提供了方便，小龙虾苗种可以自己专池配套生产，也可以原池留种，减低了生产投入。

3. 捕捞时机和销售季节不同

“西风响、蟹脚痒”，只有在生殖洄游季节，河蟹才离开栖息地活动，其他时间，即使池塘有地笼等捕捞工具，河蟹进入地笼的比例也很小，这就为春夏季节小龙虾的捕捞提供了便利。另外，河蟹的销售季节为中秋之后的2～3个月，而小龙虾销售季节为5～9月，小龙虾价格最高的季节在4～6月。因此，混养模式下，河蟹、小龙虾捕捞和销售基本可以做到互不影响。

4. 虾、蟹混养的技术关键

尽管河蟹池套养小龙虾有以上可行之处，但同一水体中，这两种动物同时存在一定会产生较强的竞争行为，掌握不好，很有可能出现套养的小龙虾没增加多少效益，蟹池水草环境受到极大破坏，导致河蟹养殖生产的失败。因此，为了发挥虾、蟹混养优势，尽可能地避免同位竞争造成的负面影响，采取何种虾、蟹混养技术成为关键。江苏地区河蟹养殖户总结形成了以下虾、蟹混养双丰收的经验。

（1）提早开展小龙虾苗种繁育，4 月中旬前，小龙虾苗种规格尽可能达到 3 厘米以上。最好开展小龙虾专池繁育，有计划地生产小龙虾苗种。

（2）严格控制小龙虾养殖密度，尽可能做到计划放养。即使是依靠小龙虾自身繁育能力，开展蟹池小龙虾留种繁育，也要严格控制留塘小龙虾抱卵虾数量，防止小龙虾苗种繁育过量。

（3）规划好虾、蟹养殖侧重点，按计划分别开展虾、蟹生产。

先养虾　开春后，水温达到 9℃以上时，即开始投喂饲料，使小龙虾有料吃，以保护水草正常生长，5 月初开始捕虾销售，6 月底或 7 月初基本完成小龙虾捕捞工作。捕捞起来的小龙虾，不论大小，不能回池。这是控制后期小龙虾在池数量的关键。

后养蟹　3～5 月份，将河蟹围养在池塘水草栽培效果较好的区域，进行强化培育；小龙虾基本捕完后，拆除围网，专心开展河蟹养殖。此时，池中仍有小龙虾，宜继续捕捞，但要对地笼进行改造。江苏地区养殖户发明出一种捕虾不伤蟹的专用地笼袋头。在 7 月份之后，为了将池中剩余小龙虾尽可能捕尽，将地笼长期放置在池塘中，但地笼袋头敞开，方便误入地笼的河蟹爬出，但为防止小龙虾也爬出，需在袋口缝宽为 10 厘米的钙塑板一块（彩图 23，彩图 24）。

二、池塘准备

河蟹池塘套养小龙虾，河蟹养殖为主，小龙虾养殖为辅，尽管管理得当，小龙虾收益可能比河蟹大，但因为河蟹养殖时间更长，所以，池塘准备工作，只要满足河蟹生产需要，也一定可以满足小龙虾的需要。江苏是河蟹养殖水平较高的地区，太湖、滆湖等养殖地区的河蟹养殖池一般做以下准备工作。

1. 认真清整、消毒

每年的10～11月份，河蟹起捕结束后，立即将水排干，清除所有鱼、虾等养殖动物，阳光暴晒10～15天，期间清除多余淤泥，用生石灰清塘，杀死全部敌害生物。

2. 围蟹种草

将蟹池用加厚聚乙烯网片或薄膜分隔成蟹种暂养区和水草栽培区。暂养区在池塘清整后随即移植伊乐藻，水草栽培区在蟹种放养前后种植水草，主要是伊乐藻、轮叶黑藻、金鱼藻、苦草（一般是2～3个品种间隔种植）。春季蟹种放养时，暂养区内已长满伊乐藻，蟹种放入后，既缩小蟹种活动范围，便于精养细喂，又能防止蟹种取食水草栽培区内刚萌发的水草嫩芽，长江流域5月底、6月初时，水草已全部长至30～50厘米（此时，小龙虾捕捞工作也基本结束），拆除围隔，开展养蟹工作。

3. 活饵料培养

蟹种下塘前后，移殖活螺蛳150～200千克/亩，5～6月再增投活螺蛳150～200千克/亩，投入的螺蛳既可以繁育小螺蛳，扩大种群数量，为虾蟹提供活饵，也可以起到净化水质的作用。如果蟹池还套养鳜鱼，可在6月上旬套养鲫鱼夏花800～1000尾/亩，为鳜鱼准备适口饵料。

4. 培育肥水

池塘清整、消毒后，应该每亩施放发酵有机肥200千克左右（最好如前所述，采用半埋的方法）。春天蟹种放养前10～20天，每亩再施放发酵有机肥100～150千克，用以培肥水质，保持透明度在40～50厘米，此次施肥，既可以为虾蟹提供天然饵料，也可防止池水过清丛生丝状藻类（俗称“青泥苔”）。

三、苗种选择与放养

1. 小龙虾苗种繁育或放养

蟹池套养小龙虾，小龙虾计划产量不能高，一般每亩不超过75千克，因此，小龙虾放养数量应根据计划产量严格控制。防逃设施建在水下的蟹池，秋季或春季，小龙虾苗种人工放养数量在3000～4000只/亩；防逃设施建在池顶的蟹池，应扣除池埂上可能遗留下的小龙虾抱卵虾产苗数。如果依靠上一年成熟小龙虾留塘繁育苗种，必须估算可能的产苗量，想方设法剔除多余的抱卵虾或苗种。

小龙虾苗种放养方法同上节池塘主养。

2. 蟹种选择与放养

（1）品种选择　不同水系的河蟹种群，其生长具有明显的区域性，一般不建议移植不同水系的蟹种。长江、淮河流域还应该选择长江水系的蟹种较为适宜，辽河水系的蟹种，在东北、西北地区生长更好。

（2）规格　蟹种要求规格均匀，体色正常，体质健壮，活动敏捷，附肢完整，足爪无损（包括爪尖无磨损），色泽光洁，无附着物，无病害，性腺未发育成熟。规格以体重5～12克/只、80～200只/千克为宜。

（3）放养时间　池塘养蟹一般不宜放养过早，否则，会因为池塘水温过低而冻伤或冻死，套养小龙虾的池塘更应该相对晚放。长江中下游地区，池塘放养时间一般以2～3月为好，东北、西北地区应在春季水面结冰融化后，水温达到5～8℃时放养。

（4）蟹种消毒　将蟹种放入水中浸泡2～3分钟，冲去泡沫，提出放置片刻，再浸泡2～3分钟，重复3次，待蟹种吸足水后，用3%～5%的食盐水或万分之一的新洁尔灭溶液充气药浴15～20分钟，再分散放入网围暂养区内。

（5）数量　池塘养成蟹，一般要求雄蟹规格达到200克以上，雌蟹达到150克以上。因此，应采取“大规格蟹种，低密度稀养”的放养模式，通常500～600只/亩，每平方米放养量不超过1只。

四、饲料与喂养

小龙虾与河蟹同属甲壳类动物，生产上采用相同饲料即可，不过应该根据生产侧重点和不同的生长阶段选择恰当的饲料。池塘养蟹采用的饲料一般比较多样，植物性饲料以南瓜、甘薯、煮熟的黄玉米、小麦、蚕豆为主；动物性饲料以新鲜的野杂鱼、河蚌肉为主；池塘中栽培的伊乐藻、轮叶黑藻等水草为河蟹提供了必需的青绿饵料，放养的螺蛳满足了河蟹对动物性饵料的需求。如果选用颗粒饲料，其蛋白质含量应在38%左右（养殖前期高些，后期低些），并必须添加蜕壳素、胆碱、磷脂等添加剂，黏合剂品种和数量应满足制成的颗粒饲料在水中的稳定性达到4小时以上。

河蟹不怕高温，但温度超过30℃时，河蟹新陈代谢快、摄食量大，如果蛋白质含量过高，容易营养过剩，造成性早熟。因此，河蟹养殖期间的饲料投喂要采用“精、粗、荤”的方式安排进行。3～6月，投喂的饲料一般以配合饲料为主，饵料鱼作为补充，总投饵量为体重的1%～3%，要求蜕壳3次；7～8月，饵料要粗，以池塘中植物性饲料为主，少量投喂精饲料，投喂量为体重的5%左右，要求蜕壳1次；8月底后，以动物性饲料为主（不低于投喂量的60%），投饵量为体重的5%，要求蜕壳1～2次。小龙虾养殖的主要季节，正是河蟹养殖的前期，以人工配合饲料为主，既可以满足小龙虾的饵料需求，也符合早期河蟹的营养需求。

五、日常管理

河蟹池套养小龙虾，犹如在“钢丝上跳舞”，管理得好，可以降低风险，获得更高的养殖利润；管理得不好，则会破坏水草，降低河蟹成活率，造成河蟹养殖的失败。因此，做好日常管理工作，是确保养殖成功和降低成本的关键。根据上述原理，虾、蟹混养池应在不同的时间段的日常管理中重点做好以下工作。

1. 早期（6月底前）的日常管理重点

(1) 水草栽培 尽可能提早开展池塘清整消毒、水草栽培工作。尤其是伊乐藻，最好在上一年的10月中旬前完成栽培，早期伊乐藻栽培面积占全部水面的60%左右。4月后水温适宜时再开展其他品种的水草栽培，7月后伊乐藻面积占水面的30%～40%，其他品种水草占30%～40%。其管理关键点有如下几个方面。

① 品种搭配 根据生长温度不同，最好种三种或三种以上水草，如伊乐藻、苦草和轮叶黑藻搭配栽培。

② 种植密度 伊乐藻采取分行种植，行间距5～6米，而便于春季栽培轮叶黑藻和苦草等，也利于通风透光和水体流动。全池水草覆盖率60%左右。

③ 合理施肥 合理施用有机肥料或复合肥料，促进水草萌发、

生长。

(2) 螺蛳移殖与饲料投喂　螺蛳移殖是保证河蟹健康与品质的重要举措，移殖是否能取得成功，要注意两点：一是量足，全年每亩移殖量要达到300～400千克，最好移殖2～3次。春季螺蛳产卵前移殖效果最好；二是就近，螺蛳以本地产最好，就近捕捞的螺蛳活力好、饱满，移殖成活率高。

虾蟹混养池塘的前期饲料投喂的重点对象是小龙虾，人工配合饲料为主，适当搭配饵料鱼等动物性饲料可以很好地满足虾、蟹需要。其中，饵料鱼主要喂养网围内的蟹种。生产上，应做到：一是早喂，水温10℃以上时即可开始投喂，早开食，既可以满足虾、蟹生长需要，也可以防止小龙虾破坏正在萌发的水草嫩芽；二是量足，5～6月的小龙虾食量大，对水草的破坏性也大，足量投喂，可防止小龙虾对水草的破坏，确保后期河蟹养殖有良好的生态环境；三是5月底后适当添加蜕壳素等微量元素，预防蜕壳不遂和软壳，提高蜕壳成活率和膨大系数，以确保虾、蟹规格。

(3) 水质调节与青苔预防　肥水在5月份前结束，调水4月中旬开始，直至养殖结束。

虾、蟹混养前期，水质调节工作以适度肥水为主，一般分1～2次进行。第一次是在池塘清整消毒后，以有肌肥作为基肥，既能满足水草的生长，也能培育虾蟹苗种早期的天然饵料。施用基肥，若按上节所介绍，采用“半埋”的方式效果更好。第二次在虾苗放养后留塘抱卵虾带仔虾下塘时，泼洒豆浆和腐熟有机粪肥，培养枝角类等饵料生物。施肥量要根据水色灵活掌握，水色太浓，光线无法照射到池底，水草因无法进行光合作用而不生长；水色过浓应立即使用微生物制剂，增加水体透明度。水质过于清瘦，不仅饵料生物少，也易滋生青苔，应加大施肥量，当青苔已经滋生甚至蔓延，应立即杀灭青苔，并用腐熟有机肥水降低透明度。

5月中旬开始，随着小龙虾个体增大，饲料投喂量也越来越大，水草、螺蛳生长良好的情况下，水色一般不会过浓。但池底因为粪便、残饵不断积累，底质逐渐恶化，应注意底质改良工作。一般此时开始定期使用芽孢杆菌等底质改良剂，防止底部溶解氧不足引起水草烂根漂浮和氨氮、亚硝酸盐浓度升高。

（4）小龙虾捕捞　6 月初，经过春季的喂养，大部分小龙虾已经达到上市规格，可以开始捕捞，为了尽可能减少小龙虾对后期河蟹养殖的影响，捕捞起的小龙虾无需“提大留小”，所有虾全部上市销售，或者将未达上市规格的小龙虾集中放入其他非河蟹养殖池塘继续养殖。能否在 7 月底前将小龙虾基本捕捞干净，直接影响到河蟹的后期成活率，这是虾、蟹混养取得高效益的重要保证。小龙虾捕捞基本结束时，尽快将河蟹网围撤除，开展河蟹养殖。

2. 高温季节日常管理

进入 7 月份后，小龙虾基本捕捞结束，河蟹养殖进入关键时期，此时水温逐渐升高，河蟹活动频繁，食欲大增，是河蟹生长的最好时机。水体中各种生物也都进入了生命代谢最旺盛的时期，加上水体中营养物质的大量积累，水质和塘底极易恶化，透明度下降，水色过浓，氨氮、亚硝酸盐、硫化氢等理化因子超标，水草根部腐烂，水草漂浮或死亡。因此，加强高温期的管理，调水改底、保根保草、保溶解氧是河蟹养殖日常管理的关键。

（1）水质管理　高温季节，河蟹池水质要求：溶解氧保持在 5 毫克/升以上，透明度 40 厘米以上，pH 在 7.5～8.5 之间，真正达到“清、新、嫩、爽”的目的。调节水质的同时，还须调控水位，以防水温过高，影响河蟹蜕壳生长。

① 水温控制　进入高温季节，应将池塘水位控制在 1.2 米以上，气温超过 33℃以上时，水位应加高到 1.5～1.8 米。高水位可以保证河蟹活动的池底温度仍在河蟹适宜的温度范围内，防止河蟹因高温产生应激反应，造成抵抗力下降。为了控制水温，有外源水换水条件的池塘，可勤换新水，一般每隔 5～10 天换水 1 次，每次换水水深 20～30 厘米，先排后灌，换水时要错开农作物用药期，防止农田的药残对河蟹造成伤害。

② 水质调节　每 10～15 天全池泼洒生石灰水 1 次，每亩水面每米水深用生石灰 7.5～10 千克，将 pH 控制在 7.5～8.5 之间。定期使用光合细菌、芽孢杆菌等微生物制剂，改善水体环境，保持水质清新、嫩爽。光合细菌每亩用量 15～20 千克，每 10～15 施用 1 次，拌土底施或用水稀释全池泼洒。芽孢杆菌等底改生物制剂每 10 天使用 1 次，以防止底部氨氮、亚硝酸盐浓度的升高。

③ 增氧　高温季节，蟹池中各种动植物都要消耗氧气，因此，夜晚或连续阴雨的天气，水体溶解氧含量低，必须采取增氧措施（彩图 25）。配备增氧设施的要多开增氧机，没有增氧设备的池塘应备足化学增氧（粉）剂，河蟹爬草或上岸时，及时增氧，防止河蟹因缺氧造成损失。

（2）水草管理　高温季节，伊乐藻因高温生长受限，养护不当，会造成大批死亡，应及时捞除上浮水草；水位偏低、水草较少的塘口，应及时设置水花生（或者水葫芦）带，以遮强光，降低水温，确保河蟹的正常蜕壳和生长。

（3）合理投喂、育肥增重　高温季节，饲料投喂，以小麦、甘薯、南瓜等植物性饲料为主，每周投喂 1～2 次冰鲜鱼等动物性饲料，动物性饲料一定要防止腐败变质，要根据天气、塘口等实际情况，适时调整投饲量，尽量避免过量投喂。8 月下旬，水温降至 28℃以下时，逐渐增加动物饵料或高蛋白饲料的投喂比例，开始促长、育肥。

（4）疾病预防　高温季节是河蟹各种疾病高发季节，应该高度重视疾病预防工作。定期使用微生物制剂，可以促进池塘有益微生物种群维持在较高的水平，预防各种细菌性疾病的发生。不使用霉变、腐败的饲料，在饲料中添加免疫制剂，也可以增强河蟹体质，提高抗病能力。尽量不使用杀虫类药物和刺激性较强的氯制剂防治疾病，否则易造成河蟹应激死亡。

3. 加强秋季的日常管理

进入秋季，天气逐渐凉爽，气温、水温适宜，是河蟹养殖管理开展进入的关键时期。此时，大部分河蟹开始生殖蜕壳，也是最后一次蜕壳，管理措施是否恰当，直接影响到河蟹最终规格和产量；未捕捞干净的小龙虾已经掘洞，开始交配、产卵活动。这一阶段，白天炎热，夜晚凉爽，昼夜温差较大，水质易变，极易诱发各种疾病，应加强日常管理工作。

（1）注重水质调节，保持良好水质　经过几个月的养殖，池塘中的粪便、残剩饲料等废物也越来越多，要保持水质良好，必须注重水质调节工作，继续定期使用光合细菌、芽孢杆菌等微生物制剂与生石灰调节水质。如果透明度仍然低于 30 厘米，加大换水量，确保透明度保持在35厘米以上，这一阶段，水质宜瘦不宜肥。

（2）加大动物性饲料投喂量，促肥长膘　9月份河蟹投喂主要以精饲料为主，动物性饲料占60%，植物性饲料占40%，每天投喂量是蟹体重的8%～10%，以投饵后2小时基本吃完为准。为了改善河蟹体内环境，提高消化率和自身的抗病力，饲料中可以添加0.5%～1%酵母菌等微生物制剂。

（3）加强病害防治　秋季是蟹病的高发季节，极易发生大规模的病害。注重水质调节、营造优质的养殖环境可以预蟹病，也可以定期使用内服药物，提高河蟹自身免疫力，减少疾病的发生。每月用大蒜素、土霉素、中草药等拌饲投喂3～4次，可以起到预防河蟹"颤抖病"等疾病的发生。

（4）科学管理，早晚巡塘　"秋风响，蟹脚痒"，入秋以后，昼夜温差大，河蟹性成熟后，要开展生殖洄游，极易上岸外逃，此时要坚持每天早晚巡塘，注意河蟹有无外逃现象，勤维修保养防逃设施。养殖后期，少换水，保持水位稳定；保持环境安静，喂饲料、打扫食场要轻，减少因日常管理活动对河蟹摄食、蜕壳过程的干扰。

4. 适时捕捞销售

河蟹的捕捞，一般在性成熟（已完成生殖蜕壳）的比例占80%时开始，一般在10月中下旬进行。方法有地笼捕捞法、流水捕捞法和簖箔捕捞法三种，其中地笼捕捞法最为实用。捕出的商品蟹采用蟹箱或专门的池塘进行暂养，伺机销售。

捕捞河蟹时，进入捕捞工具内的小龙虾也要全部移出蟹池。为保证下一年的生产计划性，蟹池四周围埂洞穴中的小龙虾数量应该详细清点，并根据生产安排合理选留，确保下一年的生产不受影响。

第三节　稻田养殖

一、小龙虾稻田养殖概述

小龙虾稻田养殖，是利用稻田的浅水环境，既开展水稻种植业生产，又开展小龙虾养殖生产的农业生产形式（彩图 26）。早在 20 世纪 80 年代，美国就开始了稻田小龙虾养殖，在不影响水稻产量的情况下，亩产小龙虾 50 千克左右。近年来，随着我国小龙虾养殖业的发展，湖北、安徽等地利用低洼地开展稻田小龙虾养殖，总结形成了相对成熟的养殖技术，稻田小龙虾养殖生产取得了较好的经济效益。

1. 小龙虾稻田养殖原理

（1）稻田是一个综合性的生态系统，水稻栽培，必然要进行施肥、灌水等生产管理，这些措施在满足水稻生长发育的同时，也为水稻田中其他动、植物提供了生长条件，因此，稻田必须定期药物除草、杀虫。一般情况下，整个水稻栽培期间用药 5～7 次，既增加了水稻栽培成本，也造成了水稻产品的药物残留。放养小龙虾后，小龙虾超强的适应能力和广泛的食性，可以利用稻田中除水稻之外的一切动、植物，既减少了杂草与水稻争夺营养成分，也减轻了病虫害的侵袭。小龙虾在稻田中生长发育，不仅不会对水稻产生影响，还能对水稻生产起到较好的促进作用。

（2）小龙虾是一种适宜能力极强、食性广泛的甲壳类动物。水稻栽培的大部分时间内，土表有水，还有品种多样的动植物饵料，夏季高温季节，水稻合行后，自然形成了小龙虾遮阴条件，只要在稻田晒田期间有暂时栖息场所，小龙虾就可以正常生长和发育。

2. 稻田小龙虾养殖优点

（1）促进水稻更好地生长　小龙虾在稻田中活动，可以疏松土壤，破碎土表“着生藻类”和氧化层的封固，加速肥料分解，增加土壤通气性，改善稻田墒情，促进水稻生长。试验表明，水稻田放养小龙虾后，水稻平均亩产量可以提高 5%～15%。

（2）优化稻田能量和物质流动途径，降低营养流失　稻田放养小龙虾后，被杂草和各种动物消耗的营养物质转换为小龙虾的营养物质，变废、变害为宝，提高了稻田投入品的利用效率。

（3）减少病虫害侵袭，降低农药使用量，提高水稻产品质量安全水平　稻田放养小龙虾后，由于小龙虾对水稻害虫的摄食，可以减少水稻用药 3～4 次，既节约了用药成本，又减少了水稻的农药残留。此外，稻田养殖小龙虾后，稻田及附近水体的摇蚊幼虫密度明显下降，幼蚊密度最多可下降50%，成蚊密度也能下降15%，减少了蚊虫对人类的袭扰。

(4) 增加小龙虾产量　稻田放养小龙虾，无论是哪种养殖类型，小龙虾亩产量一般不低于50千克，高的可以达到150千克以上，在不影响水稻产出的情况下，可每亩增加1000元以上的经济效益。

(5) 形成了稻田养殖小龙虾模式　在不占用粮食作物耕作面积的情况下，开辟了小龙虾养殖生产的新途径，拓展了水产品养殖业的发展空间。

3. 稻田养殖小龙虾的基本要求

稻田属于浅水环境，稻田的正常水位为6～8厘米，深水时也不超过20厘米，在这样的条件下开展小龙虾养殖，必须因地制宜地创造一定条件，既满足水稻栽培、生长要求，又符合小龙虾基本的生存、生活条件。

(1) 开挖人工虾沟　稻田改造的具体工作是在田内开挖供小龙虾活动、避暑、避旱和觅食的虾沟，开挖时要根据田块的大小酌情挖1～3条宽1～4米、深80厘米左右的沟。虾沟的排列方式应根据田块的形状而定，可形成"十"字形（适用于长方形、正方形田块）或纵向"一"字形（适用于长方形或其他不规则田块），开挖虾沟的泥土应均匀撒于田中，虾沟面积一般占稻田总面积的5%～15%。养虾稻田的进、排水设施应结合开挖虾沟综合考虑，进水渠道建在田埂上，排水口建在沟渠的最低处，按照高灌低排的格局保证灌、排通畅，进、排水口要用铁丝网或栅栏围住，设置成双重防逃设施。

(2) 做好防逃设施　稻田养殖小龙虾，应按池塘养殖要求建立防逃设施。稻田中田埂没有池塘埂宽，建议稻田养殖采用聚乙烯网片加钙塑板的方法做成防逃网，最好再用聚乙烯网片覆盖田埂内侧，网片下端埋入土中20～30厘米，上部高出田埂70～80厘米。具体建设方法见本章第一节。

(3) 禁用对小龙虾有危害的农药　防治水稻病虫害时，必须使用各种药物，有些药物对小龙虾危害较大，稻田养虾，必须禁止使用这些药物。对小龙虾毒性较强的农药见表3-2。

表 3-2 对小龙虾毒性较强的农药一览表

农药类别	农药品种	防治对象	种植业常用量及方法
有机磷	90%以上晶体敌百虫	麦黏虫、菜青虫、菜螟等	每亩用药50～100克，对水喷雾
	80%敌敌畏乳剂	麦黏虫、菜青虫、小菜蛾等	每亩用药75～100毫升，对水喷雾
	50%马拉硫磷乳剂	黏虫、蚜虫、稻蓟马等	每亩用药100毫升，对水喷雾
	50%辛硫磷乳剂	麦蚜、棉蚜、菜青虫等	每亩用药25～30毫升，对水喷雾
噻嗪酮	25%稻虱净可湿性粉剂	稻飞虱、稻叶蝉	每亩用药20～30克，对水喷雾
甲酰脲类	5%抑太保乳油	菜青虫、小菜蛾、斜纹夜蛾	每亩用药25～50毫升，对水喷雾
酰基脲类	5%卡死克乳油	菜青虫、小菜蛾	每亩用药25～50毫升，对水喷雾
微生物源	1%阿维菌素乳油	蔬菜蚜虫、小菜蛾、夜蛾等	每亩用药25～50毫升，对水喷雾
		蔬菜潜叶蝇	每亩用药30～40毫升，对水喷雾
植物源	0.36%苦参碱水剂	蔬菜蚜虫、菜青虫	每亩用药50毫升，对水喷雾
有机氯	90%杀虫单可湿性粉剂	玉米螟、螟虫、稻蓟马、菜青虫等	每亩用药30～50毫升，对水喷雾
菊酯	20%杀灭菊酯乳油	棉蚜、蓟马、绿盲蝽、菜蚜、菜青虫、小菜蛾等	每亩用药10～20毫升，对水喷雾
复配农药	20%螟铃特乳油	水稻二化螟等	每亩用药45毫升，对水喷雾
	25%快杀灵乳油	稻蓟马、蔬菜蚜虫等	每亩用药30～50毫升，对水喷雾
	16%稻丰收	防治水稻后期病害	每亩用药100克，对水喷雾
	50%瘟克星可湿性粉剂	防治水稻稻瘟病	每亩用药60克，对水喷雾
	10%吡虫啉可湿性粉剂	各类蚜虫、飞虱、叶蝉等	每亩用药15～20克，对水喷雾

（4）营造养虾环境　用作小龙虾养殖的稻田，应在小麦收割后及时整田，机械翻耕前最好使用有机肥肥田，每亩用量1000～2000千克。如果使用化肥，一般在放养小龙虾苗前7～10天，将田沟注水50～80厘米，每亩施用复合肥50千克、碳酸氢铵60千克。稻田施肥后，水稻生长旺盛，稻田中的饵料生物也多，可以为小龙虾提供丰富的天然饵料。

稻田养虾大部分时间内，水稻和小龙虾可以和谐共生，但在水稻用药、烤田、收割时，小龙虾的适宜生存空间受到极大挤压，虾沟的建设，为小龙虾提供了临时庇护所，但是原本散居在稻田各处的小龙虾一时间集中在狭小的沟渠中，增加了小龙虾互相伤害的概率。在虾沟等可能的空间栽培水草，既可以为小龙虾提供立体的栖息场所，也可以起到夏季降温的作用，可以大幅度提高小龙虾的存活率。此外，虾沟中栽草，也为小龙虾苗种繁育提供了必要的生态环境，对提高小龙虾苗种成活率至关重要。小龙虾密度较大时，还应该考虑增加人工增氧设施，增氧设施的合理使用，可以促进小龙虾更好地生长。

4. 稻田养虾类型

根据各地养殖实践，稻田养殖小龙虾的模式可以归纳成以下两种类型。

（1）稻虾兼作型　利用同一块稻田，采用基本相同的时间段，边种植水稻边养殖小龙虾，稻虾两不误，力争双丰收。根据各地气候和耕作方式不同，又可以分为单季稻田小龙虾养殖和双季稻田小龙虾养殖两种。前一种养殖模式主要在江苏、安徽、四川、贵州、浙江等地利用，水稻品种可以是中稻，也可以是早稻；后一种模式一般在广东、广西、湖北、湖南等地利用，是指在同一块水稻田内种植两季水稻，养殖一季小龙虾，双季稻就是早稻和晚稻连种。

（2）稻虾连作型　是指先种植一茬水稻，再接着养殖一季小龙虾，在同一块田地上，利用不同的时间段，进行种植业和养殖业轮流生产。这种形式非常适合湖滨、江边等低洼稻田使用，水稻收割之后的低洼稻田，无法进行耐寒但怕涝的小麦等粮食作物生产，加高水位后形成“稻田型池塘”，却是小龙虾优良的养殖环境。目前，这种形式的稻田养虾在湖北、广东、广西应用较多，冬季荒废的其他地方低洼稻田也可以使用。以下就这两种类型的小龙虾稻田养殖技术分别介绍如下。

二、虾、稻连作

在长江中下游地区等气候相对温暖的地方，许多临近湖泊、河流低洼稻田，一年只种植一季水稻，9～10 月稻谷收获后，稻田一直被浅水覆盖，小麦等耐寒怕涝植物无法种植，这些田块一般都要空闲到翌年的 5～6 月，土地资源浪费严重。随着小龙虾市场价格的提高，各地相继开展了利用冬闲低洼稻田养殖小龙虾，获得了较好的效益，这种水稻、小龙虾错开季节，连续利用稻田的模式，就叫虾、稻连作养殖。这种模式首先在湖北省潜江市积玉口乡获得成功，现在各地适宜地区得到广泛推广。

1. 稻田选择

选择水源丰富、水质无污染、排灌方便、保水性好、集中连片的单季低洼稻田，进、排水各成系统。面积以 10～50 亩为宜。开展小龙虾养殖的稻田，要求水、路、电条件较好，饵料、肥料来源较方便，不受附近农田用水、施肥、喷洒剧毒农药的影响。养虾稻田稻谷收割以收割机收割为好，机割的水稻秸秆均匀地散放于稻田中，有利于饵料生物生长，也有利于小龙虾栖息躲藏，机割留茬高度要求在 40～50 厘米，有利于控制稻田蓄水深度。

2. 稻田改造与清整

用于养虾稻田四周的田埂应加宽加高，方法是沿稻田田埂内侧四周开挖养虾沟，沟宽 3～4 米，深 0.8～1.0 米。用挖沟的土加宽、加高田埂，田埂加高至 1 米以上（指高出水田平面），埂面宽亦达到 1 米以上，新翻的泥土应夯实，确保不漏水。

在虾苗放养前 20 天左右，排干虾沟积水，挖去过多淤泥，或暴晒至淤泥呈龟裂状，再注入 10～15 厘米新鲜水。在小龙虾苗种投放前 10～15 天用生石灰 75～150 千克/亩消毒，5～7 天后在沟内栽培水生植物，如轮叶黑藻、马来眼子菜、伊乐藻等，栽植面积占稻田总面积的 10%左右。对于难以栽植水草的新沟，可在其中投放一些小树枝，如枸杞枝、茶树枝等。清整好的稻田，及时灌水，灌水深度以田面达到 30 厘米左右为宜，进水时用密网过滤，严防敌害生物进入。

3. 苗种放养

小龙虾苗种放养时个体都有不同程度的损伤，因此在投放之前应进行消毒，方法是用3%的食盐水浸洗虾体3～5分钟，具体浸洗时间，应视天气、气温及小龙虾苗种忍受程度灵活掌握。浸洗后的苗种再用稻田水淋洗2～3次，然后选择浅水区稻草较多的地方，让小龙虾自行进入水中，小龙虾具有较强的占地习性，要多点放养。经长时间干法运输的小龙虾失水严重，放养时不能先消毒处理，否则易造成苗种大批死亡，应先将小龙虾进行“缓苗”处理，待小龙虾完全恢复体力时再进行消毒处理。缓苗方法为：将小龙虾苗种连运输网袋或虾荚浸入稻田水中，1分钟后提起，离水搁置2～3分钟，再浸泡1分钟，如此反复2～3次，待小龙虾完全适应水质和温度，鳃腔吸足水分并恢复体力后再按上述方法消毒。

虾、稻连作时，稻田小龙虾苗种放养有多种模式。一是放养亲虾，本田繁育模式：在头一年8～9月份，水稻种植期间，在虾沟中放养小龙虾亲虾，让其自行繁殖。根据稻田养殖计划产量和稻田条件，一般亩放成熟小龙虾亲本（雌虾在30克/只以上）15～20千克，雌雄比（2～3）∶1。养殖一年以上的稻田，需视留塘亲虾数量确定补放数量。二是放养小龙虾苗种模式：水稻收割后，营造小龙虾养殖环境，翌年3～4月份，直接以市场收购或专塘繁育的人工小龙虾幼虾进行放养，一般规格为250～600只/千克，第1年养殖，投放密度为5000～6000只/亩，养殖1年以上的稻田，投放密度应视稻田本身繁育的小龙虾苗种数量而定。三是放养当年人工繁殖的虾苗，在稻田附近开挖小龙虾专门繁育池，开展小龙虾专塘繁育，水稻收割后，将体长已经达到2～3厘米的小龙虾幼虾捕捞就近放入稻田。第1年养殖，放养密度为7000～10000只/亩，养殖1年以上的稻田，视留田小龙虾亲虾自身繁育能力适当补放苗种。小龙虾放养时，在注意虾种质量的同时，同一块田应放养同一规格的虾种，尽可能做到一次放足。

4. 饲料投喂

水稻收割后，及时开展清整、灌水、施肥的稻田，会在较短的时间内，滋生各种动植物。稻田内大部分稻草、稻蔸被水淹没后使稻田内滋生大量浮游生物和水生昆虫，尚未死亡的水稻根须、稻谷也会萌发生长，适宜低温的各种水生植物发芽生长，这些都是小龙虾极好的饵料生物。此外，经水泡胀的散落稻谷、腐烂过程中的稻草等大量的有机碎屑都是小龙虾的饲料。因此，越冬前的一段时间内，稻虾连作的稻田一般无需投喂任何饲料。越冬期间，小龙虾基本不摄食或摄食量少，无需另外投喂食物。越冬后，当水温稳定在15℃以上时，小龙虾摄食量大增，开始投喂人工饲料。为了确保下一季水稻栽培不受影响，商品小龙虾必须在5月20日前捕完，至4月底大部分小龙虾必须达到商品规格。因此，开春后，必须根据小龙虾摄食情况，立即进行强化喂养。

饲料可以选择米糠、菜饼、豆渣、大豆、蚕豆、螺肉、蚌肉、鱼肉等，还要补充青饲料，如莴苣叶、黑麦草等，尽量做到动物性饲料、植物性饲料、青饲料合理搭配，以确保营养全面。比较合理的搭配方式是精饲料占70%～80%，其中动物性饲料与植物性饲料各占50%的投喂量。小龙虾放养前后，可在虾沟内投放一些有益生物，如水蚯蚓、螺蛳、河蚌等，这些生物既可净化水质，又能为小龙虾提供优质的动物性饵料。

3月份开始，每天下午投喂小龙虾饲料1次，投喂量为当时小龙虾总体重的4%左右，4月份以后，逐渐加大投喂量，日投喂量从5%逐渐增加至10%，投喂次数也改为一天2次。稻田养殖小龙虾投喂饲料时，一般将食物均匀投放，中后期应在虾沟内适当多投，以利小龙虾集中觅食，既减少劳动强度，又便于捕捞小龙虾。

5. 水位控制

为了确保小龙虾优良的生长环境，在养殖过程中要采取措施调控水质，保持水质的活爽和溶解氧充足，促进小龙虾食欲旺盛和快速生长。小龙虾越冬前（9～11月），稻田水位应控制在30厘米左右，保证稻蔸露出水面10厘米左右，既可促进稻蔸再生，又可避免因稻蔸全部淹没而导致稻田水质过肥而缺氧，影响小龙虾的生长；越冬期间，提高水位至40～50厘米，越冬以后（进入3月），再降低水位至30厘米左右，以利提高稻田内的水温；4月中旬以后，稻田水温稳定在20℃以上时，将水位逐渐提高至50～60厘米，使稻田内水温稳定在20～30℃，以利于小龙虾的生长，避免小龙虾提早硬壳老化。

6. **敌害生物预防**

小龙虾的敌害生物有肉食性鱼类（如黑鱼、黄鳝、鲶鱼等）、老鼠、水蛇、各种鸟类、水禽和蛙类等。对于肉食性鱼类，可以在进水过程中，通过密网拦截；对于鼠类，应在稻田埂上设置鼠夹、鼠笼捕捉，或投放鼠药毒杀；对于鸟类、水禽等，主要是进行驱赶，也可设置防鸟网；对于蛙类等，最有效的办法是在夜间捕捉。

7. **成虾捕捞**

冬闲稻田养殖小龙虾，起捕时间集中在4月下旬至5月20日。这期间水温适宜小龙虾的活动和觅食。一般采用虾笼进行诱捕，回捕率一般可达80%以上。开始捕捞时，不需排水，直接将虾笼布放于稻田及虾沟内，隔几天换一个地方。当捕获量渐少时，可将稻田内的水排出，使小龙虾落入虾沟中，然后集中于虾沟放虾笼，直至捕不到商品虾为止。在收虾笼时，应对捕获到的小龙虾进行挑选，将达到商品规格的小龙虾挑出，将幼虾马上放回稻田。同时，注意避免幼虾挤压而弄伤虾体。

三、稻、虾兼作

稻虾兼作养殖是一种传统的稻田养殖模式，美国德克萨斯州就是采用这种模式开展稻田小龙虾生产。这种模式要求对稻田进行必要的工程改造，形成水稻栽培期间小龙虾同时生长繁育的基本条件。稻虾兼作，在不影响水稻正常产量的情况下，每亩稻田可增加小龙虾产量60～150千克。目前的市场价格下，稻田可增加经济效益一倍以上。

1. **田块选择**

宜选择水源充足、排灌方便、水质良好无污染、土质肥沃、保水性能强的黏性田块进行小龙虾稻田养殖，面积从几亩到几十亩均可，面积大比较好。

2. **田间工程**

养虾稻田田间工程建设包括田埂加固、进排水口的防逃设施、环沟、田间沟、遮阴篷等工程，这是稻虾兼作养殖模式养好小龙虾必须开展的工作。

(1) 开挖虾沟 稻田水位较浅，夏季水温又高，再加上水稻栽培必须采取的烤田、施药等措施，稻虾兼作养殖时，必须开挖虾沟，这是养虾成功的重要保证。虾沟开挖方法应根据稻田大小和形状而确定，一般沿稻田田埂内侧四周开挖，沟宽1～2米、深0.8～1米，坡比1∶2.5。面积较大的田块，还要在田中间开挖“田”、“井”字形田间沟和增设几条小埂。田间沟宽0.5～1米，深0.5～0.6米，小埂为管理水稻之用。养虾沟和田间沟面积占稻田面积的5%～15%。

(2) 加固田埂 利用开挖虾沟挖出的泥土加固加高田埂，平整田面。田埂加固时每加一层土都要进行夯实，防止雨水冲刷使田埂倒塌。田埂顶部宽应在2～3米，并加高0.5～1米。

(3) 设置防逃设施 稻田四周田埂上应建设防逃设施，进、排水口要用铁丝网或栅栏围住，防止小龙虾随水流外逃。进水渠道建在田埂上，排水口建在虾沟的最低处，按照高灌低排的格局，保证灌得进、排得出。还可在离田埂1米处，每隔3米打一处1.5米高的桩，用毛竹架设，在田埂边种瓜、豆、葫芦等，待藤蔓上架后，在炎夏夏季起到遮阴避暑的作用。

3. 水稻品种选择和栽培

(1) 水稻品种的选择 养虾稻田，一般只种一季水稻，水稻品种也要选择叶片开张角度小、抗病虫害、抗倒伏且耐肥性能强的品种，常用的有汕优系列、协优系列等。目前也有专门用于较深水体栽植的深水水稻品种，同一田块，也可以针对不同水深，栽培不同水稻品种，以获得更高的水稻产量。

(2) 施足基肥 每亩施用农家肥200～300千克、过磷酸钙10～15千克，均匀撒在田面并用机械翻耕耙匀。采用测土配方技术，一次性施用针对具体田块的配方生态肥效果更好。

(3) 秧苗移栽 一般在5月中旬开始移栽，采用条栽与边行密植相结合，浅水栽插。移植密度一般为30厘米×15厘米，确保小龙虾生活环境通风透气性好。水稻具体栽插方法可以参考辽宁省盘锦市盘山县稻田养蟹采用的“大垄双行、边行加密”技术：以一亩地（长28米、宽23.8米）为例，常规插秧30厘米为一垄，两垄为60厘米，大垄双行两垄分别间隔为20厘米和40厘米，两垄间隔也是 60 厘米，为弥补边沟占地减少的垄数和穴数，在距边沟 1.2 米内，40 厘米中间加一行，20 厘米边行插双穴。一般每亩插约 1.35 万穴，每穴 3～5 株。虾沟及田间沟中也可以种植深水稻。

4. 小龙虾放养

(1) 放养模式　稻虾兼作养殖模式的小龙虾放养模式一般有两种。一种是头一年的 8～9 月份将成熟亲虾直接放入稻田虾沟内，让其自行繁殖，一般每亩放养规格 35克以上的亲虾 10～20 千克，雌、雄性比（2～3）∶1。越冬期间，保持水位，第二年春天水温上升至 15℃时，小龙虾受精卵孵化成幼体后加强苗种培育，待水稻栽插完成并返青后，开始正常稻田养殖。另一种是在 5 月份水稻栽秧后直接向大田投放小龙虾幼虾，一般每亩放养规格 2～4 厘米的幼虾 5000～8000 尾。

(2) 放养前的准备工作

① 清沟消毒　放虾前 10～15 天，每亩稻田养虾沟用生石灰 50 千克，或选用其他药物，对虾沟进行彻底清沟消毒，杀灭野杂鱼、敌害生物和致病菌等。

② 施足基肥　放虾前 7～10 天，虾沟中注水深 50～80 厘米，然后施放基肥，一般每亩使用农家有机肥 200～500 千克。

③ 移栽水生植物　一般在水稻栽插前 1～2 个月，要在消毒施肥的虾沟内栽植轮叶黑藻、伊乐藻等沉水性水生植物，或在沟边种植蕹菜、水葫芦等。水草面积占虾沟面积的 20%～25%，以零星分布为好。

④ 灌水及过滤　进、排水口要安装竹箔、铁丝网及网片等防逃、过滤设施，进水口要用筛绢网过滤，严防敌害生物进入。

(3) 虾苗虾种放养　小龙虾种苗在放养时要按前文所述进行“缓苗”处理，然后再进行消毒，方法同前。在把握好种苗质量的同时，同一田块应尽可能放养同一规格的小龙虾，并一次放足。

5. 水稻田间管理

稻虾兼作养殖的水稻的日常管理工作主要集中在水稻保水、晒田、施肥、用药及小龙虾的防逃、防病害等关键时期。

(1) 晒田　有小龙虾的稻田在晒田时宜轻烤，水位降低到田面露出即可，而且时间要短，发现小龙虾有异常反应时，要及时加注新水。

（2）稻田施肥 稻田基肥在插秧前一次施入耕作层内，达到肥力持久长效的目的。追肥应少量多次，最好是半边先施半边后施。一般每月追肥1次，每亩施尿素5千克、复合肥10千克或发酵的畜禽粪30～50千克，切忌追施氨水和碳酸氢铵。施追肥时最好先排浅田水，让虾集中到环沟、田间沟之中，然后施肥，使化肥迅速沉积于底层田泥中，并为田泥和水稻所吸收，随即灌水至正常深度。

（3）水稻防病 稻田养虾的原则尽可能少用药，需要用药时则选用高效低毒农药，避免使用含菊酯类的杀虫剂。用药时严格把握安全使用浓度，并尽可能将药喷洒在水稻茎叶上，尽量不喷入水中。防治水稻螟虫，亩用200毫升18%杀虫双水剂加水75千克喷雾；防治稻飞虱，亩用50克25%扑虱灵可湿性粉剂加水25千克喷雾；防治稻条斑病、稻瘟病，亩用50%消菌灵40克加水喷雾。同时，施药前田间加水至20厘米，喷药后及时换水。

（4）防逃、防病害 坚持每天巡田，检查进、排水口筛网是否牢固，防逃设施是否损坏。汛期防止漫田，防虾外逃。进、排水时要用40～80目筛绢网过滤，防敌害生物入田。平时要清除蛙、水蛇、泥鳅、黄鳝、水老鼠等敌害，以免其危害小龙虾。

6. 小龙虾的饲养管理

在稻田中饲养小龙虾，除要上足底肥外，一般不投喂人工饲料。如果计划产量高，放养密度较大，稻田天然饵料不足时可以投喂人工饲料；特别是小龙虾生长旺季，每天早、晚坚持巡田，观察沟内水色变化和虾的活动，应根据小龙虾在田重量、吃食、生长情况投喂人工饲料。

（1）饲料选择与投喂 7～9月期间，小龙虾个体较大，稻田饵料不足时开始投喂，饲料一般以菜粕、麦麸、水陆草、瓜皮、蔬菜等植物性饲料为主，螺蛳、冰鲜鱼等动物性饲料为辅。日投喂量为虾体重的6%～8%，一般每天傍晚投喂1次。利用虾沟进行小龙虾繁育的稻田，冬季每3～5天在虾沟中投喂1次，投喂量为虾体重的1%～2%，翌年4月份开始，投喂人工配合饲料，确保小龙虾苗种健康生长。

（2）换水与水位管理　除晒田外，平时稻田水深应保持在 20 厘米左右，并经常灌注新水。稻田注水一般在上午 10～11 时进行，保持引水水温与稻田水温相接近。注水时要边排边灌，防止温差过大。6 月底每周换水 1/5～1/4，7～8 月每周换水 3～4 次，换水量为田水的 1/3 左右；9 月后，每 5～10 天换水 1 次，每次换水 1/4～1/3，保持虾沟水体透明度 25～30 厘米。田间沟内，每 15～20 天用生石灰水泼洒 1 次，每次每亩用量为 5～10 千克，以调节水质。

7. 捕捞

稻田养殖小龙虾，一般经 2 个月左右饲养，就有一部分虾能达商品规格，可捕大留小。捕捞工具有地笼网、虾笼、迷魂阵等。可将工具在夜间置于田沟内，次日清晨收虾，具体方法见第五章。

第四节　草荡、圩滩地养殖

草荡、圩滩等大水体具有丰富的水草资源，螺蛳、河蚬等底栖动物的生物量也大，非常适合于小龙虾养殖。利用这些水域养殖小龙虾（彩图 27、彩图 28），具有投资小、管理简单、收益高的特点。

一、场地选择

开展小龙虾养殖的草荡、圩滩地，要求水源充沛、水质良好、水位稳定、水口较少。水生植物和饵料生物丰富，相对封闭的草荡、圩滩地更好。

选择养虾的草荡、圩滩地，要按照虾的生态习性，搞好基础设施建设，开挖虾沟或河道，特别是一些水位浅的草荡、圩滩地。虾沟通常在草荡四周开挖，其面积占整个草荡的 30%。虾沟的主要作用是春季放养虾种，冬季也是小龙虾栖息穴居的地方。

二、围栏设施

小龙虾有逆水上溯行为，养殖区域应该建立防逃设施，尤其是进、排水口必须安装防逃设施。由于草荡、圩滩地水位一般不稳定，因此，防逃设施通常采用聚乙烯网片加钙塑板或厚塑料薄膜组合而成。网片高度1.2～1.5米，网片下端埋入围埂中10～15厘米，上端用缝制聚乙烯绳作为纲绳，每隔3米用1.5～1.8米长的木棍或毛竹作为柱桩，然后再将20～30厘米的钙塑板缝制在网片内侧，钙塑板离开地面50～60厘米，网片在围埂拐角处做成圆弧形。

三、种苗放养

1. 放养准备

草荡、圩滩地面积一般较大，有些本就是河流、湖泊的一部分，无法像池塘等封闭水体那样彻底清塘。因此，必然存在各种对小龙虾有危害的敌害生物，如乌鳢、鲤、黄鳝、蛇等，养殖小龙虾的草荡、圩滩地在放养小龙虾种苗前，一定要尽可能将这些敌害清除干净。对于无法进行药物清塘的水体，可在低水位时采用电捕渔具反复捕捞。

2. 苗种准备及放养

草荡、圩滩地地形复杂、饵料生物丰富，小龙虾放养后，可以利用其自身的繁育能力，实现"一次放养，多年收获"，这种苗种放养的目的是为了增殖。放养的当年一般没有产出，第二年后才能有商品虾捕捞。放养模式也有以下两种。

（1）直接放养成熟小龙虾亲虾　一般于7～9月份投放，放养量为每亩水面放养15～20千克（彩图29），雌、雄比例为（2～3）∶1，第二年春天加强管理，一般于4月下旬开始捕捞，7～9月份，根据捕捞情况，有意识选留成熟亲虾用于下一年的苗种繁育。留种数量要做到心中有数，过少，下一年的小龙虾产量就少，过多，又会造成小龙虾在塘数量太多，草荡的生态条件被破坏，造成小龙虾养殖失败。一般是根据多年经验，通过查看洞穴、捕捞数量和组成等综合估算，每亩水面在塘成熟亲虾在20～25千克较好。

（2）春天放养小龙虾苗种　一般于4～6月，放养规格100～120只/千克，亩放养量为25～30千克，这种放养方法，当年有一定的捕捞量，主要是为下一年苗种繁育准备成熟小龙虾亲虾。如果提前在草荡、圩滩地一角构建配套的苗种繁育池，开展小龙虾苗种专塘繁育，放养效果和生产的计划性将大大提高。

四、饲养管理

1. 水草种类与数量

草荡、圩滩地内水草覆盖面一般较大，但自然状态下，水草品种单一，容易出现季节性水草死亡坏水情况。因此，开展小龙虾养殖的草荡、圩滩地，应进行水草品种的改良和水草数量的控制。

（1）控制挺水植物面积　菖蒲、芦苇是草荡、圩滩地主要植物，面积应控制在整个水面的50%以内，超过部分可在夏天高温季节贴地割除，割除时可以按“井”字形或“十”字形进行，既便于通风和行船，也便于捕捞。

（2）移栽伊乐藻，改良水草品种　马来眼子菜等草荡常见沉水植物生长季节性强，麦收季节容易死亡坏水，移栽伊乐藻、轮叶黑藻、苦草，可以保证小龙虾常年有适口水草吃，也可以预防单个品种水草太多，出现季节性坏水现象。

2. 螺蛳、河蚬移殖

2～3月份，每亩投放螺蛳、河蚬300～400千克，让其自然增殖，可以为小龙虾提供优质的天然动物性饵料。

3. 水位及水质管理

春季，草荡、圩滩地水位可以控制浅些，随着水温升高，逐渐加高水位，水体的面积随着水位的提高而扩大，小龙虾生活范围也随之扩大到水草资源更丰富的沿岸处。7～8月，可将水位加高到最高并保持，方便小龙虾顺利度夏。秋季根据水质情况，及时补充清水，保持良好水质。

4. 饲料及投喂

草荡、圩滩地小龙虾生产，采取自然增殖的方式，一般不投饲料或少投饲料，但为了提高效益，在小龙虾产量较高、饵料不足的情况下，可以适当投喂人工饲料，方法同池塘养殖。

5. 除害、防逃

草荡、圩滩地的生态环境优良，水鸟、鼠等各种敌害也多，日常管理的一项重要工作就是驱鸟和除害。此外，坚持每天巡查防逃设施，尤其是进、排水口的防逃设施，汛期或下大雨的天气，小龙虾很容易逃逸，更要做好防逃设施的维护。

6. 捕捞

小龙虾在饵料丰富、水质良好的草荡、圩滩地的生长速度较快，捕捞工作可以在 4 月下旬开始。首先将产后亲虾捕捞销售，以后捕大留小，8～9 月捕捞时有意识地留下一部分成熟小龙虾作为亲虾，抱卵虾最好专池放养。

第五节 水生经济植物池养殖

一、水芹田养殖

水芹是一种耐寒的多年生匍匐植物，原产于欧洲但广泛移栽于世界各地的河川、池塘与沟渠，含有丰富的多种人体不可缺少的营养物质，维生素、矿物质含量较高，每 100 克可食部分含蛋白质 1.8 克、脂肪 0.24 克、碳水化合物 1.6 克、粗纤维 1.0 克、钙 160 毫克、磷 61 毫克、铁 8.5 毫克。水芹还含有芸香苷、水芹素和槲皮素等。水芹味甘辛、性凉、入肺、胃经，有清热解毒、养精益气、清洁血液、降低血压、宣肺利湿等功效，还可治小便淋痛、大便出血、黄疸、风火牙痛、痄腮等病症。其嫩茎及叶柄肉质鲜嫩，清香爽口，可生拌或炒食。被江苏一带人民称作“路路通”，通常在春节期间被作为一道必不可少的佳肴端上餐桌。

水芹产量高而稳定，病虫害少，受天气条件影响不大，是越冬缺的重要蔬菜品种。水芹种植技术不复杂，栽培池只要灌水方便、保水性能好，土质松软、肥沃、有机质丰富，就能稳产、高产，亩产量在 3000 千克左右，高产田块可达 5000 千克以上，亩效益一般在 2000～3500 元。因为这些特点，各地水芹栽培面积较大。

水芹栽培季节性强，一般 8 月中下旬开始栽培，春节前后收获供应市场。3～7 月份为水芹栽培调整期，一般情况下，栽培池处于抛荒状态，杂草丛生，土地肥力浪费严重，随着小龙虾价格的提升，在同一地块上，利用水芹栽培空闲季节养殖小龙虾，取得了较好的经济效益，现将相关技术总结如下。

1. 水芹池养殖小龙虾的优势

（1）水芹、小龙虾间作，时、空可以较好对接 水芹于每年的

9月份开始栽培，春节前后上市销售，3～7月水芹栽培一直处于空闲期；小龙虾9～10月产卵繁育，11月至翌3月冬眠，3～7月生长发育，7月底可以全部捕捞销售结束，两种生物从时间、空间上可以交叉安排，轮流生产。而且，种植业与养殖业间作，在充分利用各自生长优势的同时，还起到换茬生产避免单一业态连续运行带来的病虫害加剧的问题，实现农业生产业态和时空的完美结合。

（2）水芹池具有丰富的有机碎屑、饵料生物，能为小龙虾提供适口天然饵料　生产实践证明，利用水芹池养殖小龙虾，完全依靠田中天然饵料，每亩可以生产小龙虾75千克以上，而且，小龙虾个体大、口感好。

（3）小龙虾可以摄食杂草、害虫，减少水芹栽培管理成本　水芹栽培的空闲季节，池中各种杂草丛生，而且，由于土壤肥沃，长势旺盛。如不养小龙虾，就必须人工拔除杂草，否则，既消耗肥力，也严重影响水芹栽培效果。放养小龙虾可以节省拔草人力支出，下一季节水芹栽培时的肥料投入也可以适当减少。

2. 小龙虾养殖条件

（1）水芹的栽培方法　水芹采用水培的栽培方法。

（2）水芹栽培池池埂较高，保水性好　一般要求池埂不低于80厘米，埂顶宽不小于1米，土质以壤土为好。

（3）防逃设施　在池埂上建有防逃设施，建造方法同稻田养虾。

3. 水芹栽培与收获

（1）栽培池选择　选择土壤肥沃，保肥保水性能良好，排灌方便的低洼田块、浅水藕田等。

（2）施肥整地　播种前7～10天，每亩施优质有机肥2000～2500千克或饼肥100～150千克，然后深耕、上水沤制，耕翻次数越多，翻得越深，沤制时间越长，越容易获得高产。在最后一次耕翻整地时亩施三元素复合肥50～75千克，达到田面平整的状态。四周筑好高田埂（高度在80厘米以上），灌水5厘米以内。

（3）选种催芽　于8月中下旬将种芹茎秆用稻草捆好，每捆扎2～3道，粗20～30厘米。捆扎后，将种茎横一层、竖一层，交叉地堆放在不见太阳的树荫下或屋后北墙根，上面盖上稻草或其他水草。没有自然条件的，可用遮阳网遮阴。每天上午 9 时前、下午 4 时后各浇清水一次，保持湿润，防止发热。在凉爽、通气、湿润的情况下，约经 7 天，各节的叶腋长出 1～2 厘米的嫩芽，同时生根。这样发芽、生根的种茎即可播种，撒播的可切成长度 30～40 厘米，排播的可切成 60 厘米左右。

（4）浅水排种　水芹菜的适宜栽培期在 9 月上旬，过迟不利于高产，要想夺取高产，栽培是基础。栽培方法是：将催芽的种茎，茎端朝田埂，梢端向田中间，芽头向上。排播时还要注意以下几点：一是要保证密度，排播的间距通常在 6～8 厘米，一般每亩用种量 200～250 千克；二是田面要平整，以利长芽生根，从而达到生长一致。这一阶段最忌田面高低不平，高处干旱，不利扎根和长芽；低处积水，太阳晒热浅水烫坏嫩芽。待长成幼苗以后，逐步加深水层。

（5）追肥治虫　在幼苗长到 2～3 片叶子时，开始追肥，促进植株尽快旺长，以后每隔 7～10 天追肥 1 次，每次每亩用尿素10～15 千克。发现蚜虫，及时用蚜虱净喷雾防治或深水（4 小时左右）灭蚜。

（6）水层管理　排播后待水芹充分扎根生长时可以排干田水，轻搁一次，以后要逐步加深水层，初期 5～10 厘米。以后水层在 30 厘米，保持植株露出水面 15 厘米左右，入冬以后，水芹停止生长，主要以灌水保暖，防止受冻。

（7）匀苗深埋　当苗高达 25 厘米左右时，结合清除杂草和混合肥料，进行田间整理，一是移密补稀，使田间分布均匀；二是捺高提低，使田间群体生长整齐，高矮一致。同时，可采用深埋入土的办法进行软化，提高水芹的品质。具体办法：于 11 月上中旬，株高 25～30 厘米或以上，用两手将所有的植株采挖起来，就地深栽一次，每穴 10～15 株。入土深度视株高而定，地上部留 10 厘米以上。其余全部栽入烂泥中。使其在缺光的条件下逐渐软化变白。在深埋时，两手五指伸开夹住植株根部直插入土，要求不歪不卷根，这是提高水芹品质、食用价值和打进苏南等城市大市场的重要措施。但是，在淤泥较浅的田块，这种办法就很难实施，同时，这种田块的产量也不会太高。

（8）适时采收　采收时间和标准在不同地区而不同，不需进行深埋软化的地区，在11月中下旬就可以上市，经过深埋软化的上市时间适当推迟。同时，可根据市场需求，价格较高时上市，尤其应在元旦、春节两大节日大量上市。

4. 小龙虾养殖与捕捞

（1）池塘准备

① 防逃设施建立　在上述水芹栽培池池埂上设置防逃设施，既可防敌害生物进入，也可防止小龙虾外逃。

② 清塘　水芹采收结束后，用清塘药物进行水体消毒，杀灭病原体和敌害生物，虾苗放养前加注新水。

③ 移植水草　小龙虾喜欢栖息于水草丛中，采收水芹时有选择地预留少量水芹作为小龙虾蜕壳隐蔽和栖息场所，后期采收水芹时剥离的茎叶也可以还塘作小龙虾饲料；小龙虾在塘密度较高，也可以引进、栽培伊乐藻，以满足小龙虾对水草的需要。

（2）小龙虾苗种准备与放养

① 苗种准备　水芹栽培面积较大，小龙虾苗种需求量较大时，最好准备专门的池塘开展专池苗种繁育工作（彩图30）。繁育方法见第二章。

② 放养模式　也分两种模式：一种是秋季放养成熟亲虾本池繁育，在水芹已长至20厘米以上，大约9月底前，亩放养成熟亲虾10～15千克，雌雄比为（2～3）∶1。小龙虾个体规格应在35克/只以上；另一种是春季直接放养4～6厘米的幼虾，一般每亩放养5000～7000只，放养时要注意虾的质量，放养规格尽可能整齐并且一次放足。

（3）日常管理

① 饲料投喂　水芹池放养小龙虾，前期无需投饵，池中大量的有机碎屑和饵料生物可以满足小龙虾摄食需要；随着个体长大，小龙虾摄食量逐渐加大，可按池塘主养模式开展饲料投喂。

② 水质调节　水芹池底泥较肥沃，养殖前期，水温低、水草旺盛时，水质管理工作主要是保持稳定水位；5月下旬开始，由于小龙虾的摄食和水温升高，水芹、伊乐藻等低温旺盛生长的水草逐渐减少，透明度减小，应该使用微生物制剂和生石灰定期调节水

质。水位逐渐加高到高位，最好保持在1米左右，并每10～15天换水1次，7～9月每周换水1次，池水透明度保持在30～40厘米之间。

③ 敌害和疾病预防　小龙虾的敌害主要有水老鼠、水蛇、青蛙、蟾蜍、水鸟和一些凶猛肉食性鱼类等。除对水芹池彻底清池消毒外，进排水口也要用密网封好，严防敌害进入，平时发现敌害要捕捉清除。每隔20天每亩用生石灰10千克加水调配成溶液全池泼洒一次以消毒防病。定期在饲料中加入微生态制剂和维生素等药物，可增强虾的体质，减少疾病的发生。

（4）捕捞销售　小龙虾4～6厘米苗种经过2个月左右的饲养，大部分达到商品规格，应及时捕捞上市。可采用地笼等工具进行捕捞，下午将地笼放置池内，清晨起笼收虾。水芹下一季栽培前排干池水，将全部虾捕获上市。

利用水芹池开展水芹、小龙虾轮作养殖，水芹平均亩产量3000～5000千克，亩效益2000～5000元；小龙虾平均亩产量75～200千克，亩效益2000～5000元。同一块田地，全年亩效益一般在4000～10000元，效益增加一倍以上。

二、藕田养殖

荷藕，又称莲藕，属睡莲科植物。藕原产于印度，后来引入我国，迄今已有三千余年的栽培历史。它的根、茎、叶、花、果都有经济价值，其地下茎，肥大而长，有节，中间有数个管状小孔，折断后有丝。生食或熟食均可，还可制成藕粉等食品。是广受人民群众喜爱的水生蔬菜之一，也是出口创汇的重要农产品。荷藕在我国分布十分广泛，资源丰富，从东北大地到海南岛，从东海之滨到西藏高原都有它的踪迹，主要栽培区在长江流域和黄淮流域，以湖北、江苏、安徽等省的种植面积最大。随着广大水乡湖滩资源的开发利用，农村产业结构的调整和进一步对外开放，中国的荷藕生产和销售必将得到新的发展和提高。

与稻田养虾、水芹田养虾模式类似，在荷藕采后的空闲期与非旺盛生长季节，套养小龙虾（彩图31），既起到了为藕田生态除草的作用，藕田中各种饵料生物作为小龙虾的天然饵料，又提高了藕田的利用率，小龙虾的排泄物还为藕田增加了有机肥料，实现了良性循环，增加了小龙虾产量，降低了荷藕生产成本，提高了藕田产出率。藕田养虾能充分利用藕田水体、土地、肥力、溶解氧、光照、热能和生物资源等自然条件，是种植业与养殖业互相利用、互相补充的创新模式。目前，我国不少地方正在开展小龙虾、荷藕生态种养技术研究与应用，增加了小龙虾养殖空间，对满足小龙虾日益增长的国内外市场需求，促进农业增效、农民增收，具有十分重要的意义。

1. 荷藕田套养小龙虾关键技术

(1) 放养数量控制　藕田套养小龙虾，一般采取粗放经营，依靠原塘成熟亲虾繁育解决苗种问题。藕田养虾，两年后，小龙虾苗种数量控制难度较大。最好的解决方法就是在藕田一角建设专门的小龙虾苗种繁育池，开展配套繁育。

(2) 小龙虾苗种配套　荷藕的定植期为4月份以后，此时水温已在15℃以上，小龙虾也开始出洞觅食；5月初，荷藕发芽生长，小龙虾摄食越来越旺盛，幼嫩的尖荷正是小龙虾的美味植物性饵料；尖荷冒出水面，叶柄粗壮后小龙虾对荷藕的危害大幅减少。所以，藕田套养小龙虾，早春时，虾、荷之间冲突严重，控制不好，原来有稳定效益的荷藕田，因为小龙虾的放养，荷藕产量效益大幅下降。如何做到藕、虾双丰收，小龙虾的放养时机是关键。

荷藕田套养小龙虾，尤其是浅水藕田，小龙虾苗种的放养时间应该在尖荷出水之后。此时江苏地区已到6月中下旬，正常繁育出的小龙虾经过近2个月的生长大部分已上市销售，适宜藕田放养的小龙虾苗种数量少，捕捞运输难度较大。因此，准备与荷藕栽培配套的池塘，开展小龙虾的推迟繁育是获得藕田小龙虾套养成功的关键。江苏荷藕种植地区，已开始试验在荷藕塘一角开挖藕田面积的5%～10%小池专池繁育小龙虾苗种，等尖荷出水后，再开始小龙虾苗种捕捞，并按计划放入藕田，取得了较理想的生产效益。

2. 荷藕栽培与采收

(1) 荷藕品种选择与繁育　原原种应在原原种繁殖区内繁殖，

由育种者或品种所有者指导进行。原种在原种繁殖区内繁殖，繁殖原种用的种藕应来自于原原种。原种纯度应达97%以上。生产用种宜在生产用种繁育基地内繁殖，繁殖生产用种的种藕应来自于原种或直接来自于原原种。生产用种纯度应达95%以上。品种间宜采用水泥砖墙（1.0～1.2米，厚25厘米）或空间（10米以上）隔离。原原种繁殖小区面积宜0.1～1亩，原种与生产用种繁殖小区面积宜1～2亩。同一田块连续几年用于繁种时，应繁殖同一品种，更换品种时应先种植其他种类作物1～2年。

对于连作种藕田，宜推迟10～15天定植，定植前挖除上年残留植株。生长期应将花色、花形、叶形、叶色等性状与所繁殖品种有异的植株挖除。进入花期后，10～15天巡查一遍，去杂并及时摘除花蕾和莲蓬。进入枯荷期后，对于田块内仍保持绿色的个别植株应予以挖除。种藕采挖时，应对皮色、芽色、藕头与藕条形状等与所繁殖品种有异的藕枝及感病藕枝予以剔除。种藕贮运时，同一品种应单独贮藏、包装和运输，并做好标记，注明品种名称、繁殖地、供种者、采挖日期、数量、及种藕级别等。

荷藕的繁殖方法较多，根据不同部位，大体有以下几种。

① 莲子繁殖　由于莲子外披一层坚硬的果壳，要在果壳凹入的一端敲破，然后浸泡在26～30℃水中催芽。待芽长出还要浸在水中以防脱水萎缩，长到4叶1鞭，便可定植大田。繁殖因初期生长缓慢，必须提前1个月在保护地育苗，才能在当年结成有商品价值的藕。

② 子藕繁殖　子藕是指主藕上的分枝。子藕有一节的、两节的，还有四节的，这与子藕在主藕上着生的部位有关，愈靠近藕头着生的子藕，节数愈少，愈靠近藕梢的节数愈多，子藕均可切下单独作藕种繁殖，但以三节以上的作种较好。每亩需种藕50～75千克。

③ 藕头繁殖　即用主藕顶端一节切下来作种，也可切下子藕顶端一节藕头作种。该法影响剩余藕的商品性。

④ 藕节繁殖　从生有腋芽的藕节上切下5～6厘米的节栽种，这是利用藕节上的腋芽来进行繁殖。该法影响剩余藕的商品性。

⑤ 顶芽繁殖　将主藕或子藕顶端的芽连同基节切下，插在软

泥土苗床中。扦插时，如气温尚低，需用塑料薄膜覆盖，待顶芽的基节上长出不定根，顶端长出2～3片小叶，外界气温又已稳定在15℃以上时，方可定植于大田。定植方法：将不定根及莲鞭均埋入泥中，小叶露出水面，栽后要注意浅水灌溉，以提高泥温，促使早发。该法较烦琐，如掌握不好，则当年长出藕较小，没有商品性。

⑥ 莲鞭扦插　待田间莲藕上的芽伸出莲鞭，长到分枝后，将带有顶芽的两节莲鞭（上面保持两片叶子），完整挖起移栽于大田中，栽时芽头及莲鞭均浅埋于泥中，但要使荷叶伸出水面。该法用于补苗。

⑦ 微型藕繁殖　通过快速繁殖技术，在试管内诱导形成试管藕，先用试管藕在保护地内水培繁殖成0.25千克重的微型藕，再用微型藕定植大田。该繁殖方法可用于繁殖无毒苗。该法每亩只需藕种25～30千克。

在这些方法中，整藕繁殖目前应用最多，但最有效、最经济、最合理、最有前途的方法应是子藕繁殖和微型藕繁殖。

(2) 荷藕的栽培与管理　根据荷藕不同繁殖方式，荷藕的栽培技术有很多种，本书仅就露天池荷藕与微型藕栽培技术作一简要介绍，这也是荷藕种植户最常用的荷藕栽培方式。

① 露地浅水藕栽培与管理

a. 整田及施肥　浅水藕多为水田栽培，宜选择水位稳定、土壤肥沃的水田种植。将水田翻耕耙平。在翻耕前施基肥，一般每亩施腐熟厩肥3000千克，或腐熟人粪尿再加青草2000千克、生石灰80千克。

b. 定植　在当地平均气温上升到15℃以上时定植。长江中下游地区一般在4月上旬，华南、西南地区相应提前15～20天，华北地区相应延后15～20天。浅水田栽种密度因品种、肥力条件而定。一般早熟品种密度要大，晚熟品种密度要稀，瘦田稍密、肥田稍稀。株行距一般为200厘米×200厘米或150厘米×200厘米，每亩栽种芽头数500～600个。定植的方法是先将藕种按一定株行距摆放在田间，行与行之间各株交错摆放，四周芽头向内。其余各行也顺向一边，中间可空留一行。田间芽头应走向均匀。栽种时将种藕前部斜插泥中，尾梢露出水面。种藕随挖随栽。

c. 水深管理　应按前期浅、中期深、后期浅的原则加以控制。生长前期保持5～10厘米的浅水，有利于水温、土温升高，促进萌芽生长。生长中期（6～8月）加深至10～20厘米，到莲荷枯后，水深下降至10厘米左右。冬季藕田内不宜干水，应保持一定深度的水层，防止莲藕受冻。

d. 追肥　在莲的生育期内分期追肥2～3次。第一次在长出1～2片立叶时，第二次在封行前，第三次在结藕前。第一次每亩追施腐熟粪肥2000～4000千克或尿素15千克。第二次追施复合肥20～25千克，第三次追施尿素10～15千克。早熟品种一般只追2次肥。施肥前宜将田间水深降低，施肥后应及时浇水冲洗叶片上留存的肥料，以防止灼伤叶片。

e. 转藕头　使莲鞭在田间分布均匀，或防止莲鞭穿越田埂。应随时将生长较密地方的莲鞭移植到较稀处，也应随时将田埂周围的莲鞭转向田内生长。莲鞭较嫩，操作时应特别小心，以免折断。

f. 折花打莲蓬　藕莲的多数品种都能开花结实。在其生长期内将其摘除，以利营养向地下器官转移，也可防止莲子老熟后落入田内发芽造成藕种混杂。

② 微型藕栽培与管理

a. 整地　选择土壤肥沃、灌溉方便的田块。宜在定植前15～20天，清除田间残存茎叶，耕深20～30厘米，耙平，并加固田埂，使田埂高出泥面20厘米以上。

b. 施用基肥　改造后的土壤肥力指标不宜低于NY/T 391—2000中4.6规定的Ⅱ级土壤肥力（水田）指标。基肥施用应符合NY/T 394—2000中4.2和5.2的规定。每亩宜施钙镁磷肥100千克，腐熟粪肥2500千克及生石灰75千克。

c. 种藕质量　要求种藕纯度达95%以上，且新鲜，顶芽和侧芽均完好，藕段上无大的机械损伤，不带病虫害。种藕无土，单支重0.2～0.3千克。

d. 种藕贮运　种藕挖起后，如遇低温阴雨不能及时栽种时，需集中堆放，堆放不超过1.5米，覆盖保温（15℃以上），洒水保温。

e. 包装运输　需包装的种藕，挖起后要及时冲洗掉泥土，根据包装箱体的大小，削除过长的后梢，用50%多菌灵可温性粉剂800～1000倍液浸泡1分钟。包装箱规格25厘米×28厘米×80厘米瓦楞纸箱，纸箱内垫放聚乙烯塑料袋，将种藕轻放入箱后用清洁的珍珠岩填充防震。然后封箱打包。每箱藕净重25千克。可贮放30～60天。

f. 定植　气温稳定在13℃以上时开始定植，露地栽培一般在3月下旬至4月上旬。定植田保持5厘米浅水，先排放，后定植，田四周的藕头朝向田内，离开田埂0.5米。株行距2米×2米，排放方式可采用横队式和纵队式。定植深度约10厘米，藕梢露出泥面呈15°角斜栽。每亩用微型种藕120～140枝。

g. 水深管理　立叶长出之前保持3～5厘米浅水。封行后水位加深至15厘米。进入地下茎膨大期，水位降低至5厘米。成熟后保持10厘米左右水深贮藏越冬。

h. 整枝补苗转莲鞭摘花果　立叶3～4片时，将生长稠密处的侧枝按一片浮叶一片未展立叶的大小分开，带土补栽到缺株、稀空的地方，以保持田间苗的均匀。在莲藕生长期间每周检查1次，发现莲鞭伸向田埂时，及时将其前端1～2节带根挖起，然后顺势将生长方向转至田内，并按原先的深浅埋入泥中。中晚熟品种，在开花着果期间每隔7～10天摘一次花果，连续3～4次。

i. 追肥　早熟莲藕施1～2次，中晚熟莲藕施2～3次。第一片立叶展开时，每亩施尿素15千克，或碳酸氢铵30千克或人粪尿100千克；立叶长出5～6片，每亩施复合肥75千克，或尿素20千克和硫酸钾10千克；晚熟品种根状茎开始膨大时，根据长势每亩再追施硫酸钾复合肥20～30千克。

（3）荷藕的采收与留种　青荷藕一般在7月采收。采收青荷藕的品种多为早熟品种，入泥较浅。在采收青荷藕前一周，宜先割去荷梗，以减少藕锈。在采收青荷藕后，可将主藕出售，而将较小的子藕栽在田四周，田内栽一茬作物（如晚稻），子藕在田周生长结藕，作第二年藕种。或在采收时，只收主藕，而子藕原位不动，继续生长，至9～10月可采收第二茬藕。枯荷藕在秋冬至第二年春季皆可挖取。枯荷藕采收有两种方式：一是全田挖完，留下一小块作第二年的藕种。二是抽行挖取，挖取 3/4 的面积，留下 1/4 不挖，存留原地作种。留种行应间隔均匀。原地留种时，翌年结藕早，早熟品种在 6 月份即可采收青荷藕。老熟藕在终止叶开始衰败时收获。

3. 病虫害防治

（1）莲缢管蚜　该蚜虫在荷藕等水生蔬菜幼嫩叶片或叶柄、花柄上寄生，受害的叶片出现皱缩、黄化等症状。莲缢管蚜以卵在李属植物（如桃、李等）上过冬，翌年 4 月下旬孵化后产生有翅蚜，有害期为 4～5 月，7 月以后随气温升高，虫量下降，8 月中下旬蚜量再次回升。该蚜虫在藕田扩散方式有两种：一是通过有翅胎生雌蚜在田间飞行扩散；二是以无翅胎生雌蚜扩散，能在水面或通过浮萍等向外作短距离扩散。单位面积的虫口过大或叶片出现老化、黄化或失水时，蚜虫会自行扩散。该蚜虫还为害浮萍、眼子菜、绿萍等水生植物。

防治方法：清除田间的水生杂草，特别是水生寄生植物。也可用乐果及菊酯类农药喷雾。放养小龙虾的藕田虫害大幅减少。

（2）莲潜叶摇蚊　此虫在莲藕的整个生育期都能为害浮叶。受害浮叶上有多条长短不一的褐色虫道，一般 5～10 厘米长。栽培初期，受害莲藕立荷生长缓慢，后期影响不大，此虫只在一片叶上完成幼虫期，并不转移为害。幼虫一旦入水，不能再次侵入。幼虫老熟后，将头部前方的浮叶皮膜顶裂青伏化蛹。

防治方法：每亩用晶体敌百虫 25 克撒入田内。前期摘去为害较重的叶片。

（3）稻食根叶甲（食根金花虫）　主要危害莲藕地下茎。此虫一年发生 1 代，成虫和幼虫都可越冬，翌年 5 月上旬开始为害莲藕。此时正值莲藕立荷初发期，地下茎迅速生长，稻食根叶甲幼虫以尾端小钩插入莲地下茎幼嫩部位固定身体，再用口器将地下茎咬成小孔取食。因幼虫只取食幼嫩部位，并随地下茎生长而向前转移，严重时，一条地下茎上有几十头幼虫。地下茎受害后，荷叶不能正常开展，从叶缘向中部逐渐枯死，全株形成一条枯死的立荷带。受害的植株生长缓慢，重者全株死亡。6 月以后各种虫态先后出现，7月成虫渐多。成虫不为害莲，主要取食其他水生杂草，如眼子菜、鸭舌草等，其中眼子菜是其重要野生寄主。

防治方法：对发虫重的田块实行轮作，发虫重的相邻田块也不宜种藕。冬季排干积水，使越冬幼虫死亡，清除田间野生寄主，减少成虫取食及产卵场所。在5月初至6月上中旬发虫时，每亩用菜籽饼粉20千克耕入田中消灭幼虫。放养小龙虾可以大幅度减少此虫危害程度。

（4）斜纹夜蛾　该虫主要危害莲藕叶片，幼虫取食叶肉，留下表皮和叶脉，使叶片呈纱网状。该虫一年发生多代，7～9月对水生蔬菜为害最严重。成虫白天不活动，躲藏于植株茂密处的叶丛中，黄昏后开始飞翔取食。该虫幼龄一般为6龄，也有7龄或8龄，4龄以后食量大增，一片荷叶仅3～5头幼虫就可啃食光，并且4龄幼虫开始出现背光性，白天躲在阴暗处很少活动，傍晚出来取食。老熟幼虫能浮水到岸边化蛹。

防治方法：幼虫在初龄时是群集为害，应摘除虫叶，集中消灭幼虫可减轻危害。也可在幼虫分散前，以敌百虫或除虫菊酯类农药喷雾。

（5）莲腐败病　该病一般发生在6月中下旬或7月初。地上部分主要表现为整个叶缘一边开始死亡，叶片反卷，呈青枯状，似开水烫伤一般。叶柄的维管束组织变褐，最后整个叶片死亡，由病茎上抽生的花蕾瘦小，荷花不能正常张开而死亡。地下部分表现为地下茎维管组织变褐腐烂，茎节部着生的须根坏死，易脱落。由病株结的藕小，其横切面中部变褐。

防治方法：该病应以预防为主。一是利用抗病品种及无病种藕，发病田的藕不能作种，否则引起新田发病；二是水旱轮作，对于发病重的田块，可以实行水旱轮作3年，可减少发病；三是防治稻食根叶甲，病菌易从该虫造成的伤口侵入；四是尽量减少地下茎的人为损伤。

4. 小龙虾苗种放养与捕捞

（1）藕田的改造与准备

① 荷藕田的选择　藕田大小不限，水深1～1.5米，要求水源

充足，水质良好，易于排灌；土壤有机质丰富，淤泥层厚度 20～25 厘米，pH 值呈中性或弱碱性；围埂保水性良好，无漏洞，在沿围埂开挖虾沟的同时，进行加高、压实，排灌口及围埂顶部设置防逃设施。

② 虾沟构建　藕田中挖掘呈“十”字形或“井”字形虾沟，与排灌口相通。虾沟宽约 1 米、深约 50 厘米，沟渠占藕田总面积的 15%左右，便于小龙虾居住和捕获。通常“十”字形虾沟用于面积小的藕田中，“井”字形虾沟用于大田中。

③ 藕田消毒与施肥　使用漂白粉等氯制剂、生石灰进行全池消毒。用量和使用方法同第三章第一节所述。消毒后，按荷藕栽培要求使用有机肥，3 月下旬将藕田耕翻。

（2）小龙虾的苗种准备与放养

① 苗种选择　放养的小龙虾苗种附肢完整、规格整齐、活动敏捷、生命力旺盛，最好来源于人工繁育。幼虾规格在 3～6 厘米。放养前用浓度为 3%～5%的食盐水溶液浸泡 3～5 分钟消毒。

② 苗种准备　为防止小龙虾对早期荷藕芽叶的伤害，小龙虾放养时间应在大部分尖叶出水之后，方法有两种：一种是就近购买，一种是专塘配套自繁。后一种方法可以根据藕塘具体情况，有计划地安排，是藕塘套养小龙虾苗种准备的主要方法。

③ 苗种放养　经消毒处理的苗种，放养时应避免阳光暴晒，一般选择阴雨天或早晚时时。外购的苗种如果长时间离水，放养时按第三章第一节苗种放养所述方法进行“缓苗”处理，然后再经消毒处理后放养。放养数量一般为 3000～5000 只/亩。

（3）小龙虾的饲养管理

① 饲料投喂　藕田中含有丰富的小龙虾饵料资源，养殖过程基本不投喂。但为了防止小龙虾对早期荷藕芽叶的危害，放养后的头半个月内，可以适当投饵。投喂品种以苗种培育阶段的投饵的饲料为主，适当搭配蚕蛹、杂鱼等动物性饲料。投放量为小龙虾放养重量的 3%～5%。

② 水质调控　莲藕生长旺季，水体光照不足，含氧量低。为满足小龙虾生长需要，每 15～20 天换水一次，每次换水量占藕田总水量的 1/3。pH 值低于 7.5 时，用生石灰进行调节，保持透明

度在40厘米以上。

③ 敌害防控 藕田与水芹田、水稻田一样，水鸟、老鼠对小龙虾危害较大，日常管理中，要采用各种手段，加大对敌害的清除和防控。

（4）捕捞 在小龙虾规格达到商品规格后，即可以地笼捕捞。多年养殖小龙虾的藕田，要准确估算留塘小龙虾亲虾数量，去除多余小龙虾亲虾，防止小龙虾过量繁育，造成荷藕栽培的失败。

第四章
小龙虾的病害防治技术

第一节 病害检查

小龙虾病害检查方法的正确与否，影响着人们对其病害的正确诊断。因此，必须掌握正确的检查方法和步骤。

一、检查方法

1. 肉眼检查法

病原体寄生在虾体后经常会浮现出一定的病理变化，有时症状很清楚，用肉眼就可诊断，例如水霉、大型的原生动物和甲壳类动物等。

2. 显微镜检查法（镜检法）

对于没有显著症状的疾病，以及症状明显但凭肉眼判别不出病原体的疾病，需要用显微镜检查，检查方法有以下两种。

（1）玻片压展法　用两片厚度为3～4毫米、大小约6厘米×12厘米的玻片，先将要检查的器官或组织的一部分、或从体表刮下的黏液、或从肠管里取出的内含物等，放在其中的一片玻片上，滴加适量的清水或食盐水（体外器官或黏液用清水，体内器官、组织或内含物用0.65%的食盐水），用另一片玻片将它压成透明的薄层，即可放在解剖镜或低倍显微镜下检查，如发现病原体或某些可疑的病状，细心用镊子或解剖针、微吸管，将其从薄层中取出来，放在盛有清水或食盐水的培养皿里，待以后作进一步察看和解决。

（2）载玻片压展法　方法是用小剪刀或镊子取出一小块组织或一小滴内含物置于载玻片上，滴加一小滴水或生理盐水，盖上盖玻片，轻轻地压平后，先在低倍显微镜下检查，发现寄生虫或可疑景象时，再用高倍显微镜细心检查。

二、检查步骤

检查病虾一定要按顺序进行，以免遗漏。总的次序是先体外，后体内。常见的病害大多发生在体表、鳃和肠道三个部位，故在实际诊断中，以下三者是检查的重点。

1. 体表

将虾放在解剖盘里，首先察看其体色等情况，并留意外壳是否擦伤或糜烂，是否出血，是否有异常斑点等。

2. 鳃

鳃是特别容易被病原体寄生的器官，黏菌、水霉、鳃霉、各类原生动物、单殖类和复殖类囊蚴、软体动物的幼虫、甲壳类动物等，在鳃上都可能找到。第一步，肉眼检查。察看鳃丝色泽有无发黑、发白、肥肿；有无污泥、是否糜烂，鳃盖是否完好。第二步，检查鳃组织。将左右两边的鳃完好取出，分开放在培养皿里，用小剪刀取一小片鳃组织，放在载玻片上，加少量清水，盖上盖玻片，在镜下检查。取鳃丝检查时，最好从每边鳃的第一片鳃片接近两端的位置剪取一小块，因为这个地方寄生虫较集中。每边鳃至少要检查 2 次。

3. 肠道

检查肠道时，在肠道的前、中、后段各剪开一个小口，用小镊子从小口取出一些内含物放在载玻片上，加一小滴生理盐水，盖上盖玻片，在显微镜下检查病原生物。每段肠道要同时检查 2 次。再用剪刀小心地把整条肠道剪开（留意不要把肠道内可能存在的大型寄生虫剪断），把肠的内含物都刮下来，放在培养皿中，加入生理盐水稀释并搅匀，在解剖镜下检查，检查肠内壁有无溃烂。

三、注意事项

（1）供作检查诊断用的虾，一定要用鲜活的或刚死不久的虾。否则会因虾死太久，其组织、器官糜烂变质，原来所表现的症状无法辨别或病原体离开鱼体或死亡，从而无法正确鉴别。

（2）在检查时遵循由表及里、先头后尾的原则，在解剖进程中，所分割的器官应维持其完好性，分开放置，并维持其湿润，避免干燥。同时还要避免各器官间病原体的互相污染。

（3）对于不能肯定的病变标本或病原体，应留下标本，以备日后作一步研究。

第二节 疾病预防

由于小龙虾发病初期症状不明显，不易被发现，待发现时往往病情严重，不易治愈，大批死亡，给养殖者造成无法挽回的经济损失。因此，与鱼类疾病防治相同，小龙虾疾病的预防也应遵循“无病先防，有病早治，以防为主，防治结合”的原则。

一、发生病害的原因

为了更好地掌握小龙虾的发病规律和虾病发生的原因，必须了解小龙虾致病的外在原因与内在因素，只有这样才能正确找出发病的原因。

1. 环境因素

影响小龙虾健康生长的主要环境因素有水温、溶解氧、酸碱度等。

（1）水温　温度是影响水生变温动物生长、发育、繁殖、分布的重要因子。小龙虾的生存水温为5～37℃，生长适宜水温为18～26℃时，当温度低于18℃或高于32℃时，生长率下降。养殖水域日温差不能过大，仔虾、幼虾日温差不宜超过3℃，成虾不要超过5℃，否则会造成重大损失。小龙虾为变温动物，在正常情况下，小龙虾体温随着水体的温度变化而变化。当水温发生急剧变化时，机体容易产生应激反应而发生病理变化甚至死亡。例如，放养小龙虾虾苗时，温差如果低于3℃，小龙虾虾苗很容易因温差过大而导致大批死亡。小龙虾在4～25℃温度范围内，环境温度越低，心率越小，代谢率必然降低甚至进入休眠状态，这与小龙虾在1～7℃条件下休眠的生物学特征相符合（韩晓磊、谢雨，2013）。

（2）溶解氧　水质和底质影响养殖池水的溶解氧，并直接影响小龙虾的生存与生长。当溶解氧不足时，小龙虾的摄食量下降，生长缓慢，抗病力下降。当溶解氧严重不足时，小龙虾就会窒息死亡。小龙虾对溶解氧有较好的耐受力，当水中溶解氧低于1毫克/升时仍能照常呼吸。但小龙虾在蜕壳、孵化、育苗期需氧量明显增加，为了保证小龙虾养殖的最大安全和健康，则需要保持水中溶解氧4毫克/升以上。

（3）酸碱度　小龙虾生长适宜pH值范围为6.5～9，但在繁殖孵化期要求pH值在7.0以上，酸性水质不利于小龙虾的蜕壳、生长，而且会延长蜕壳时间或增加蜕壳死亡概率。

（4）水体透明度　小龙虾生长要求池塘水质“肥、活、嫩、爽”，透明度一般控制在30～40厘米。这样的水质，既有利于培育水中浮游生物、底栖动物和水生植物，给小龙虾提供丰富的天然生物饲料，节约饲料成本，又使水中保持一定的磷、钙、钾含量，满足小龙虾蜕壳生长的需要。

（5）总硬度　由于小龙虾自身生长蜕壳的需要，对水的总硬度与鱼类的要求有所不同。小龙虾要求水体总硬度为50～100毫克/升，据资料报道：当水质总硬度低于20毫克/升时，小龙虾蜕壳受到显著影响；当水质总硬度提高到50毫克/升以上时，小龙虾的生长状况明显好转，蜕壳较顺利，生长速度也快。

（6）重金属　小龙虾对环境中的重金属具有天然的富集功能。重金属通常通过小龙虾的鳃部进入虾体内，大量的重金属尤其是铁蓄积于小龙虾的肝胰脏中，容易影响肝胰脏的正常功能。养殖水体中高含量的铁是小龙虾体内铁的主要来源。尽管小龙虾对重金属具有一定的耐受力，但是一旦养殖水体中的重金属超过小龙虾的耐受限度，也会导致小龙虾中毒死亡。工业污水中的汞、铜、锌、铅等重金属元素含量超标，是引起小龙虾重金属中毒的主要原因。

（7）化肥、农药　在稻田养殖小龙虾时，一次性过量使用化肥（碳酸氢铵、氯化钾）时，可能引起小龙虾中毒。虾中毒后开始不安，随后疯狂倒游或在水面上蹦跳，直至无力静卧于池底死亡。

小龙虾对菊酯类农药尤其敏感（如敌杀死），而预防水稻病害的许多农药都是菊酯类，因此，在养殖小龙虾时，切忌使用此类农药。

（8）其他化学成分和有毒有害物质　在小龙虾养殖中由于饵料

残渣、鱼虾粪便、水草腐烂等产生许多有害物质，使池水产生自身污染，这些有害物质主要为氨、硫化氢、亚硝酸盐等。例如：水体中亚硝酸盐含量过高，就会使小龙虾发生急性中毒，甚至死亡。

除了养殖水体的自身污染外，有时外来的污染更为严重。工厂和矿山的排水中富含有毒的化学物质，如氰化物、硫化物、酚类、多氯联苯等；油井和码头往往有石油类或其他有毒的化学物质，这些物质都可能引起小龙虾急性或慢性中毒。

2. 病原体

导致小龙虾生病的病原体有病毒、细菌、真菌、原生动物等，这些病原体是影响小龙虾健康生长的主要原因。当病原体在小龙虾身体上达到一定的数量时，就会导致小龙虾生病。

（1）病毒　目前，我国小龙虾病毒只发现一种即对虾白斑综合征病毒，近几年，江苏、浙江等地相继出现小龙虾感染对虾白斑综合征病毒大批死亡。据报道，将病毒感染的对虾组织投喂给小龙虾，可以经口将对虾白斑综合征病毒传染给小龙虾，并导致小龙虾患病死亡，死亡率高达90%以上。

（2）细菌　细菌性疾病是与养殖环境恶化有关的一类疾病，因为大多数致病菌只有在养殖环境恶化的条件下，致病性才增强，并导致小龙虾各种细菌性疾病的发生。小龙虾的细菌病原主要有引起细菌性甲壳溃疡病的气单胞菌属、假单胞菌属、枸橼酸菌属；引起烂鳃病的革兰阴性菌。

（3）真菌　真菌是经常报道的小龙虾最重要的病原生物之一，小龙虾的黑鳃病、水霉病就是由真菌感染所引起的。真菌感染有多种诱因，可以来自体内，也可以来自体外。体内诱因多是影响机体抵抗力的各种其他疾病引起；体外诱因，如抗生素、免疫制剂的应用及外伤等。感染途径有内源性感染、外源性感染及条件致病菌感染。

（4）原生动物　寄生在小龙虾体表的主要由累枝虫、聚缩虫、钟虫和单缩虫等原生纤毛虫，原生纤毛虫成群附着于小龙虾体表虽然不会造成小龙虾死亡，但严重影响小龙虾的商品价值。

（5）后生动物　寄生在小龙虾体内的后生动物主要有复殖类（吸虫）、绦虫类（绦虫）、线虫类（蛔虫）和棘头虫类（新棘虫）

等蠕虫。大多数寄生的后生动物对小龙虾健康影响不大，但大量寄生时可能导致小龙虾器官功能紊乱。

与小龙虾共生的后生动物包括涡虫类切头虫、环节动物和几种节肢动物。这些生物的附着很少引起小龙虾发生疾病。但当水质恶化时，这些生物的大量附着就可能导致小龙虾正常的生理状况受到影响而发生疾病。

3. 人为因素

（1）操作不规范　在小龙虾养殖过程中，需放养虾苗、虾种，小龙虾上市季节经常对小龙虾采取轮捕轮放、捕大留小，往往在操作过程中动作粗暴，导致小龙虾身体受损，造成病菌从伤口侵入，使小龙虾患病。

（2）从外部带入病原体　从天然水域中采集水草、捕获活饵或购买饵料生物，没有经过严格的消毒就投放到小龙虾养殖水域中，就有可能带入病原体。

（3）投喂不合理　小龙虾生长需要一定的合理的营养成分，如果投饵过少，不能满足小龙虾生长所需，小龙虾生长缓慢、体弱，容易患病。如果长期投喂营养成分单一的饲料，小龙虾缺乏合理的蛋白质、维生素、微量元素等，小龙虾就会缺乏营养，造成体质衰弱，免疫力下降，也很容易感染疾病。如果投饵过多，造成饵料在水中腐烂变质，水质恶化，或投喂不清洁、变质的饲料，小龙虾也很容易生病。因此，合理投喂饵料是小龙虾健康生长的重要保障。

（4）水质控制不好　小龙虾喜欢清新的水质，在小龙虾养殖过程中，如果不及时换水或不定期使用水质调节剂，腐烂的水草不及时捞走，增氧设施不合理使用，就很难控制好水质，导致各种病原体容易滋生。

（5）放养密度或混养比例不合理　合理的放养密度或混养比例，有助于提高水体的利用率。但放养密度过大，混养的品种、数量过多，会加重水体的负荷，使水质不容易控制，各种养殖水生动物正常生长摄食受到影响，抵抗力下降，发病率增高。

（6）消毒不严格　平时工具、食物、食台、养殖水体、虾体消毒不严格，会增加小龙虾发病率。患病的养殖池使用的工具不实行专池专用，也能使病原体重复感染或交叉感染。

（7）进、排水系统不独立　由于进、排水使用同一条管道，往往造成一池虾生病感染，所有虾池的虾都生病感染的现象。

二、病害预防措施

在小龙虾的生产过程中，疾病预防是一项很重要的工作。在实际生产中，主要抓好以下几项预防措施。

（1）养殖池消毒　在虾种放养前，应对养殖池进行彻底清塘，杀灭池塘中的病原体。通常排干池水后用二氧化氯 3 微升/升全池泼洒，并搅拌淤泥。

（2）水草消毒　虾塘中移栽的水草，应先消毒后再栽种。通常用 10 微升/升的高锰酸钾溶液浸泡 10 分钟。

（3）虾体消毒　在小龙虾投放前，先对虾体进行消毒，常用方法是用 3%～5%的食盐水浸洗 5 分钟。

（4）工具消毒　凡是在养殖过程中使用的工具，都必须进行消毒后方可使用。消毒时一般用 15 微升/升的高锰酸钾溶液或 10 微升/升的硫酸铜溶液浸泡 10 分钟以上。尤其是接触病虾的工具更应隔离消毒，专池专用。

（5）饵料消毒　投喂鲜活饵料时，必须经过严格的消毒程序。一般先洗净去污，然后用 5%的食盐水浸泡 5 分钟后再投喂。如投喂冰鲜鱼，则须将冰鲜鱼解冻后，洗净消毒后再投喂。

（6）控制水质　保持水质清新，在 6～9 月高温季节，每 7～10 天加注新水一次，每次加水深 20～30 厘米。减少粪便和污物在水中分解产生有毒有害物质。早春与晚秋也要每隔 10～15 天加新水一次，每次加水深 20～30 厘米。

（7）药物预防　保持水质“肥、活、嫩、爽”。保持水质也可用药物调节。每隔 10 天全池泼洒微生态制剂或生石灰一次，消除水体中的氨氮、亚硝酸盐、硫化氢等有害物质，保持池水的酸碱平衡和溶解氧水平，使水环境处于良好状态。

（8）提供良好的生态环境　主要是提供小龙虾生长所需的水草，一是人工种植水草，二是利用天然生长的水草，三是利用水稻、水芹等人工种植的经济作物。

第三节　常见疾病与防治

小龙虾适应环境的能力较强，一些常规鱼类都不能生存的环境，小龙虾也能生存。但在人工养殖条件下，由于养殖密度大、投喂不当、水质恶化等因素，小龙虾养殖过程中时常出现病害，影响养殖产量和效益。下面介绍小龙虾几种常见的疾病及防治方法。

一、病毒性疾病——白斑综合征病毒病

【病原体】白斑综合征病毒。

【症状】感染后的小龙虾主要表现为活力低下、附肢无力，应急能力较弱。病虾分布于池塘边，体色较暗，部分头胸甲等处有白色斑点；解剖检查胃肠道空；一些病虾有黑鳃症状；部分病虾肌肉发红或呈现白浊样。养殖池塘一般大规格虾先感染死亡。

【预防】

（1）放养健康、优质的种苗　选择健康、优质的种苗，切断白斑综合征病毒病的感染源。

（2）控制适宜的放养密度　苗种放养密度过大，容易导致水质环境的恶化，溶解氧不足，氨氮、亚硝酸盐含量过高，造成小龙虾体质下降，抗病毒能力减弱。

（3）投喂蛋白含量高的优质配合饲料　饲料蛋白质含量保持在26%左右。

（4）保持良好的水质　定期使用生石灰或微生物制剂如光合细菌、EM 菌等，保持水环境的稳定。

【治疗】

（1）用0.2%的维生素+1%的大蒜（打成浆）+2%的强力病毒康，加水溶解后用喷雾器喷在饲料上投喂。发病塘口外用二氧化氯全池消毒，同时在饲料中添加增强免疫功能的中草药进行投喂，能有效控制病情。

（2）在养殖过程中如发现有死虾，须远离养殖塘口深埋死虾，杜绝病毒进一步扩散。

二、细菌性疾病

1. 烂壳病

【病原体】主要由假单孢菌、气单孢菌、黏细菌、弧菌和黄杆菌感染虾体所致。

【症状】病虾体壳上和螯壳上有明显的溃烂斑点，斑点呈灰白色，严重溃烂时呈黑褐色，斑点中端下陷。

【流行特点】所有的小龙虾都易受感染，发病高峰为5～8月份。

【预防】

（1）小龙虾烂壳病多由虾体创伤后细菌侵入伤口感染所致。因此，投放虾苗时，对于因捕捞和运输不慎造成的伤残虾苗，要坚决不投。

（2）在虾池中施药、清残和进行其他操作时，要缓慢进行，尽量避免损伤虾体。

（3）经常换水，保持虾池水质清洁。

（4）坚持每日投足饲料，避免小龙虾因饥饿相互残杀而受伤。

（5）每间隔15～20天用生石灰化水全池泼洒一次，使池水呈25毫克/升的浓度。

【治疗】

（1）用生石灰化水趁热全池泼洒1次，使池水呈25毫克/升的浓度，3天后换水再用生石灰化水趁热全池泼洒一次，使池水呈20毫克/升的浓度。

（2）取50千克饲料，拌磺胺甲基嘧啶150克投喂小龙虾，1天2次，连用7天后停药3天，再投喂5天。

2. 烂鳃病

【病原体】革兰阴性菌。

【症状】病虾鳃丝发黑、局部霉烂，造成鳃丝缺损，排列不整齐，鳃丝坏死，失去呼吸功能，导致小龙虾摄食减少、活力变差，最后死亡。

【预防】

（1）放养前用生石灰彻底清塘，并经常加注清水，保持水质清新。

(2) 及时清除池中的残饵、污物，注入清水，保持良好的水体环境。

(3) 每半个月泼洒15～20毫克/升的生石灰或微生态制剂一次，交替使用，进行水质调节。

【治疗】

(1) 用二氧化氯2～3毫克/升浸洗病虾10分钟。

(2) 用氟苯尼考、维生素C、大蒜素等制成药饵投喂。

(3) 全池泼洒二溴海因0.1毫克/升或溴氯海因0.2毫克/升，隔天再用一次，结合内服虾康保0.5%、维生素C 0.2%、鱼虾5号0.1%、双黄连抗病毒口服液0.5%、虾蟹蜕壳素0.1%。

(4) 聚维酮碘0.2毫克/升全池泼洒，重症连用2次。

(5) 在饲料中加入2‰的复方新诺明或0.5‰的磺胺嘧啶，每天投喂一次，连服10天。

3. 出血病

【病原体】气单孢菌。

【症状】病虾体表布满大小不一的出血斑点，特别是附肢和腹部较为明显，肛门红肿，螯虾一旦染上出血病，不久就会死亡。

【预防】平时做好水体的消毒工作，水深1米的池子，每亩水面用25～30千克生石灰加水全池泼洒，每半个月泼洒一次。

【治疗】外用药每亩水体用750克烟叶温水浸泡5～8小时后全池泼洒；内服药用盐酸环丙沙星原料药，每千克饲料用0.25～1.5克拌饵投喂，连续喂5天。

三、真菌性疾病

1. 黑鳃病

【病原体】多由真菌感染所致。

【症状】小龙虾鳃由红色变为褐色或淡褐色，直至完全变黑，鳃组织坏死。患病的虾活动无力，多数在池底缓慢爬行。患病的成虾常浮出水面或依附水草露身于水外，不入洞穴，行动迟缓，停食。

【流行特点】10克以上的小龙虾易受感染，发病高峰为6～7

月份。

【预防】

（1）经常更换池水，及时清除残食和池内的腐败物。

（2）定期用 25 毫克/升的生石灰消毒。

（3）经常投喂青饲料。

（4）在成虾养殖中后期，可在池内有意放养些蟾蜍。

【治疗】

（1）每立方米水体用漂白粉 1 克全池泼洒，1 天 1 次，连用 2～3 天。

（2）按 50 千克饲料拌土霉素 50 克投喂小龙虾，1 天 1 次，连喂 3 天。

（3）每立方米水体用亚甲基蓝 10 克全池泼洒 1 次。

（4）每立方米水体用强氯精 0.1 克或二氧化氯 0.3 克全池泼洒 1 次。

（5）患病虾每天用 3%～5%的食盐水浸洗 2～3 次，每次 3～5 分钟。

2. 水霉病

【病原体】水霉菌。

【症状】初期症状不明显，当症状明显时，菌丝已侵入表皮肌肉，外向长出棉絮状的菌丝，在体表形成肉眼可见的“白毛”。病虾消瘦乏力，活动焦躁，摄食量下降，严重者导致死亡。

【预防】

（1）当水温上升到 15℃以上时，每间隔 15 天用 25 毫克/升生石灰全池泼洒 1 次。

（2）捕捞、搬运过程中避免虾体损伤，黏附淤泥；每亩水体用 400 克食盐和 400 克小苏打合剂全池泼洒。

（3）用 40%的甲醛溶液 20～25 毫克/升全池泼洒，24 小时换水，换水量一半以上。

【治疗】

（1）用 1%～2%的食盐水浸洗病虾 30～60 分钟，同时每 100 千克饲料加克霉唑 50 克制成药饵连喂 5～7 天。

（2）用 0.3 毫克/升的二氧化氯全池泼洒 1～2 次，第一次用药与第二次用药间隔 36 小时。

（3）用 0.3～0.5 毫克/升的亚甲基蓝全池泼洒，连用 2 天。

四、寄生虫病——纤毛虫病

【病原体】主要由累枝虫、聚缩虫、钟形虫和单缩虫等固着类纤毛虫成群附生于小龙虾体表所致。

【症状】虾体表有许多绒毛状的污浊物，病虾呼吸困难，烦躁不安，食欲减退，多数在池边缓慢游动或爬行。病情严重时会引起死亡。

【预防】

（1）经常更换池水，保持池水清新。

（2）彻底清除池内漂浮物或沉积的渣草。

（3）做好冬季闲池的清淤工作。

（4）每月用 0.6 毫克/升的敌百虫全池泼洒 1 次。

【治疗】

（1）每立方米水体用 0.7 克硫酸铜全池泼洒一次。

（2）每立方米水体用福尔马林 30 毫升，全池泼洒一次。16～24 小时后更换池水。

（3）取菖蒲草若干小捆，浸泡于池水中，2～3 天后捞起。

五、其他疾病

1. 软壳病

【病原体】主要原因是虾体内缺钙。间接原因有五点：①池内日照不充足；②水体 pH 值长期偏低（7 以下）；③池底污泥太厚；④投放虾苗密度过大；⑤长期投喂某种单一饲料。

【症状】小龙虾体壳薄软，螯壳不坚硬，体色不红，活动能力不强，觅食不旺，生长缓慢，打洞的能力和逃避敌害的能力减退。

【预防】

（1）结合虾池消毒，每 15～20 天用 25 毫克/升的生石灰化水趁热全池泼洒一次。

（2）及时刈去虾池内蔓生过密的水草。

（3）坚持每年冬季清淤。

（4）把虾苗的投放密度控制在每千平方米面积15000尾以下。

（5）投喂饲料多样化，尽量多投些青饲料和鱼骨粉或在虾饲料中添加蜕壳素。

（6）每亩每米水深施用复合芽孢杆菌250毫升，改善水质，调节水体酸碱平衡。

【治疗】

（1）每立方米水体取生石灰粉20克，全池均匀撒施一次。施用石灰粉后10天内，如果更换池水，换水后再补施一次。

（2）用鱼骨粉拌新鲜豆渣或拌用热水浸泡开的豆饼、菜籽饼进行投喂，1天1次，连用7～10天。

（3）在饲料中添加鱼虾5号0.1%、虾蟹蜕壳素0.1%、虾康宝0.5%、维生素C 0.2%、营养素0.8%。

2. 蜕壳障碍病

【症状】病虾蜕壳困难，多在蜕壳过程中或蜕壳后死亡。

【预防与治疗方法】与软壳病相同。

六、敌害生物

小龙虾的敌害生物主要有水蛇、青蛙、蟾蜍、老鼠、水蚫、鸟类、凶猛性鱼类以及鸭子。

【防治方法】

（1）建好防逃网。经常检查防逃网，有漏洞及时修补。

（2）进、出水口用滤网。防止凶猛性鱼类混入。

（3）发现除鸟类以外的敌害生物及时捕杀。

（4）对于鸟类，由于是保护对象，只能用恐吓的方法驱赶。

第四节　用药的注意事项

一、选用合适的药物

药物的正确选择与否关系到小龙虾疾病防治效果的好坏及养殖效益的高低，因此，我们在选择药物时，应遵循以下原则。

（1）有效性原则　选择的药物应针对小龙虾的病症，并且能快速治愈疾病，用药后的有效率达70%以上。

（2）安全性原则　一是药物对小龙虾本身是低毒或没有毒性的；二是药物对水环境的污染要小或没有污染；三是对人体的健康影响程度也较小。使用过药物的小龙虾在出售前应有一个休药期，对国家规定明令禁止的药要坚决杜绝使用，如孔雀石绿、六六六、敌敌畏、呋喃丹等。

（3）廉价性原则　选用药物时，尽量选用成本低、疗效好的药物。许多药物成分相似、疗效相当，但价格悬殊，因此要慎重选择药物。

二、科学计算用药量

小龙虾疾病防治用药分内服药和外用药两类，内服药的剂量一般按小龙虾体重计算，外用药按小龙虾生存水体的体积计算。用药量是否准确，直接影响到药效的发挥效果。用药剂量不够，杀不死病害，浪费钱不说，还治不好病；用药剂量过大，易发生小龙虾中毒事件。因此，用药时一定要严格掌握剂量，既不能随意增加剂量，也不能随意减少剂量。

1. 内服药

首先比较精确地估算出养殖水体中小龙虾的总重量，根据用药标准，计算出给药量的多少，再根据天气、小龙虾的吃食情况确定小龙虾的投饵量，最后将药物均匀混入饲料中制成药饵进行投喂。通常情况下，我们制作的药饵量要小于投喂药饵前的投喂量，只占正常投喂量的80%左右，这样，有利于药物被小龙虾全面摄入，确保疗效正常发挥。

2. 外用药

先准确计算出水的体积，再按用药的浓度计算出用药量。如水的体积为1000米^3，用药的浓度为0.5毫克/升，则用药量为500克。

三、按规定的剂量和疗程用药

当我们计算好药物的剂量后，就要按疗程用药。一般内服药3～7天为一个疗程，外用药3天为一个疗程。为了保证用药的效果，每次用药时，至少要用一个疗程，否则疾病易复发。我们在生产中发现，有些养殖户为了省钱，往往不按疗程用药，下了一次药，看见有明显效果，再用一次，就不再用药了。

四、正确的用药方法

为了防治小龙虾的疾病，在科学确定药物和剂量后，还需选用正确的用药方法，以保证药物的疗效，最大限度地发挥药物的效能。常用的小龙虾给药方式有以下几种。

1. 全池泼洒法

泼洒法是根据小龙虾的病情及水体的体积计算出的药物剂量，配置好特定浓度的药液向虾池内全池泼洒，使池水中的药液达到一定浓度，从而杀灭小龙虾身体及水体中的病原体。全池泼洒法的优点是杀灭病原体较为彻底，预防、治疗效果好。缺点是用药量大，在杀死病原体的同时，也杀死了水体中的浮游生物，对水质有影响。

2. 浸沤法

浸沤法就是将药物材质捆扎浸沤在虾池中，杀死水体中及虾体外的病原体。浸沤法优点是操作简单、用药成本低。此法缺点是只适用于用中草药预防虾病。

3. 内服法

内服法就是将预防或治疗小龙虾疾病的药物或疫苗掺入小龙虾喜欢吃的饲料中，小龙虾通过吃饲料将药物吃进体内，从而杀灭小龙虾体内病原体的一种方法。此方法用于预防疾病或虾病初期。一旦小龙虾失去食欲，此法就不起作用了。

4. 药浴法

药浴法是将小龙虾集中在较小的容器中，放在按特定方法配制的药液中进行短时间强迫浸浴，以杀灭小龙虾体表及鳃上的病原体的一种方法。它适用于小龙虾苗种放养时的消毒处理。药浴法的优点是用药量少、药效好，不影响水体中浮游生物的生长。缺点是不能杀灭水体中的病原体。

5. 生物载体法

生物载体法即生物胶囊法。当小龙虾生病时，食欲都会下降，要想让小龙虾摄食药饵较为困难，如果这时将药包在小龙虾喜欢吃的食物中，特别是鲜活饵料中，可避免药物异味引起的小龙虾厌食，药物就很容易被小龙虾吃进体内。生物载体法就是利用饵料生物作为运载工具将一些特定的物质或药物摄取后，再由小龙虾捕食到体内，经消化吸收而达到治疗疾病的目的。这类载体的饵料生物有丰年虫、轮虫、水蚤、蝇蛆及面包虫等。常用的生物载体是丰年虫。

第五章
小龙虾的捕捞与运输

第一节　小龙虾的捕捞

小龙虾生长快，从放养到收获只需很短的时间，但个体之间差异性很大，即使放养时规格整齐，收获时规格仍然差异很大。为了提高池塘单位面积产量，降低水体的生物承载量，同时减少在养殖过程中因个体差异太大引起的自相残杀现象，应采取轮捕轮放的方法及时将达到上市规格的小龙虾捕捞上市。

一、捕捞工具

小龙虾常见的捕捞工具有地笼、虾笼、虾球、手抄网、拖网。

1. 地笼

常见的是用网片制作的软式地笼（彩图 32），每只地笼 20～30 米，由 10～20 个方格组成，方格用外包塑料皮的铁丝制成，每个格子两侧分别有两个倒须网，方格四周有聚乙烯网衣，地笼的两端结以结网，结网中间用圆形圈撑开，供收集小龙虾之用。进入地笼的虾由倒须网引导进入结网形成的袋头，最后倒入容器销往市场。不同网目的虾笼能捕捞不同规格的虾，养殖户可根据自己的需要购买不同网目的虾笼。淮安地区的养殖户发明了专门捕大留小的地笼（彩图 33）。

当需要捕捞小龙虾时，将地笼放到池塘的浅水区，地笼底部紧贴池塘底部，地笼两头结网袋头露出水面并固定起来，地笼内放置腥味较浓的鱼等，小龙虾寻味而来，进入地笼。

2. 虾笼

用竹篾编制的直径为 10 厘米的“丁”字形筒状笼子，两端入口设有倒须，虾只能进不能出。在笼内投放味道较浓的饵料，引诱小龙虾进入，进行捕捉。通常傍晚放置虾笼，清晨收集虾笼，倒出虾，挑选出大规格小龙虾进行销售，小规格小龙虾放入池中继续养殖（图 5-1）。

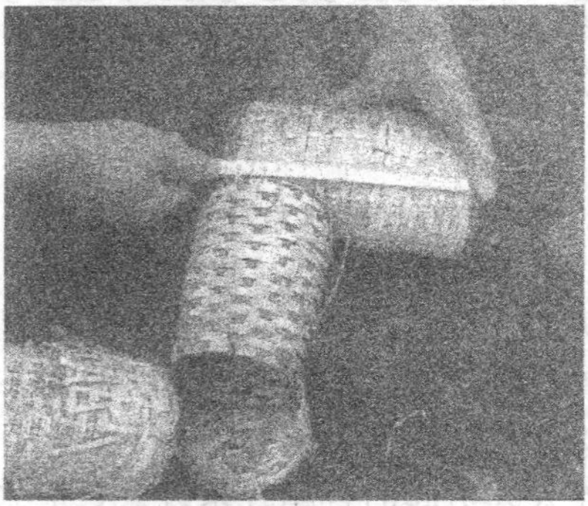

图 5-1 虾笼

3. 虾球

用竹篾编制的直径为 60～70 厘米的扁圆形空球，内填竹屑、刨花等。顶端系一塑料绳，用泡沫塑料作浮子。捕虾时，将虾球放入养殖水体，定期用手抄网将集于虾球上的小龙虾捕捞起即可。

4. 手抄网

手抄网有圆形手抄网（图 5-2）和三角形手抄网（图 5-3）。三角形手抄网是把虾网上方扎成四方形，下方为漏斗状，捕虾时不断地用手抄网在密集生长的水草下方抄虾，因小龙虾喜欢攀爬在水草上，故此种方法适用于小龙虾密度较大的水域。

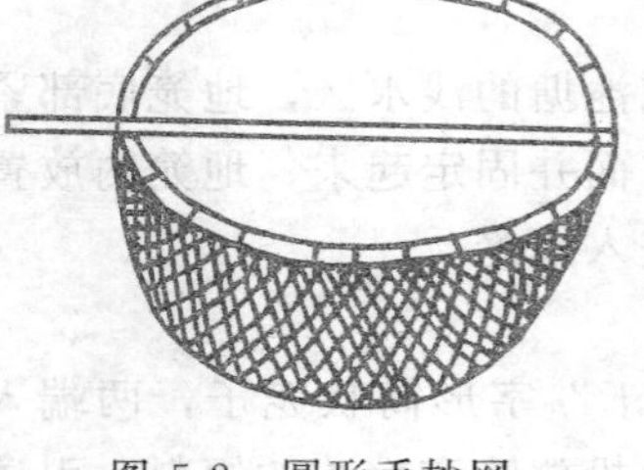

图 5-2 圆形手抄网

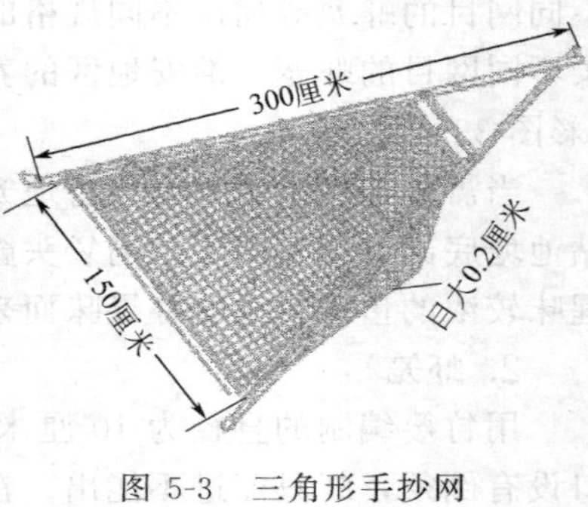

图 5-3 三角形手抄网

5. 拖网

由聚乙烯网片组成，与捕捞夏花鱼种的渔具相似。拖网主要用于集中捕捞。在拖网前先降低池塘水位，以便操作人员下池踩纲绳，一般水位降至 80 厘米左右。

二、注意事项

（1）小龙虾捕捞前禁止泼洒或内服任何药物，如使用药物须休药期满才能捕捞。

（2）合理控制地笼的网目，以免网目太小损伤小龙虾，网目太大影响捕捞效果。

（3）地笼网下好后，袋头必须高出水面，以利于小龙虾透气，避免在笼中拥挤缺氧死亡。

（4）地笼网下好后，要定期观察，如笼中小龙虾数量过多，应及时倒出小龙虾，以免因小龙虾过多，引起窒息死亡。

（5）地笼网使用 1 周后，需彻底清洗、暴晒，有利于提高捕获量。

（6）小龙虾捕捞以后要及时分拣，将不符合商品虾规格的小虾及时放回池塘中继续养殖，切忌挤压与离水时间过长。

第二节　小龙虾的运输

近几年来，随着小龙虾人工养殖的迅速发展，小龙虾的苗种（虾苗、虾种）运输与成虾（商品虾、亲虾）运输便成了小龙虾生产经营过程中的一个重要环节。如何不断提高运输成活率，降低运输风险，成为每个小龙虾生产经营者所关心的共同问题。

一、运输前的准备

1. 制订周密的运输计划

在进行小龙虾运输前，应制订周密的运输计划。根据运输对象的数量和规格，目的地距离的远近，在保证成活率高、运输成本低的前提下，确定运输路线、方法和措施。

2. 认真做好运前检查

认真检查运输、包装、充氧等工具及材料是否完整齐全，并经过检验与试用，确定没有任何问题后方可使用，包括运输工具、车辆、包装材料、氧气、药品、应急物品（如增氧灵等）。

3. 调查运输线路水源和水质情况

针对沿途可能遇到的各种问题，拿出切实可行的解决方案。如路途较远，需事先定好换水、换气的地点，准备好充足的水、气源，保证小龙虾能及时得到补充。

4. 协调好交接工作

应尽早通知接货方，组织人力、物力做好接应工作，及时转运、放养、销售。

二、苗种运输

小龙虾苗种的运输方法有干法运输法和带水充氧运输法两种方法。

1. 干法运输法

多采用钢筋网格箱（彩图 34）、塑料箱或泡沫箱运输。先在容器中铺上一层湿草，再放入虾苗，再铺上一层水草。虾苗的承载量视运输箱大小而定，正常的市售塑料箱（规格为 45 厘米×30 厘米×10 厘米）放小龙虾苗种 2.5 千克左右。如用泡沫箱运输，需在箱体侧和箱底各开几个小孔，防止小龙虾苗种窒息死亡。在整个运输过程中，保持水草湿润，温度相对稳定。一般每隔 1 小时，喷水一次。注意事项如下所述。

（1）在小龙虾苗种运输过程中，切忌挤压，因小虾苗外壳较薄，很容易受伤。

（2）从养殖池中捕捞出的小龙虾苗种，在装箱运输前，需先在水泥池中暂养排污 4～6 小时。如虾苗小于 3 厘米则直接装箱。

（3）同一运输箱中小龙虾苗种规格尽量一致。

（4）运输到达目的地后，应将虾苗连同箱子一起放入水中浸泡 1～2 分钟，再提出水面静放 3～5 分钟，如此反复 4～5 次，使小龙虾鳃部充分吸水。

2. 带水充氧运输法

一般用装运鱼苗的双层尼龙袋充氧运输。尼龙袋规格为60厘米×42厘米。包装方法：第一步，先在尼龙袋中放入1/3～2/5的水，及少量的水草或一小块网片，再将小龙虾虾苗按每袋300～500尾放入尼龙袋。装虾时注意三点：一是轻拿轻放，避免损伤虾苗；二是袋中所用水必须是经曝气1小时以上的清新水；三是小龙虾苗种需在水泥池中暂养排污4～6小时。第二步，排空袋中空气，充足氧气后，扎紧口袋。第三步，将扎好口的尼龙袋放入泡沫箱，如需保持低温，还应在箱两侧放1～2个冻好的瓶装矿泉水或冰袋，然后上盖，用胶带封好。

在实际生产中，由于用尼龙袋带水充氧运输效率低、运输成本高，较大规格的小龙虾一般采用干法运输法。

三、成虾运输

小龙虾的成虾运输又分亲虾运输和商品虾运输，由于要求不一样，运输方法有所不同。

1. 亲虾运输

由于亲虾是用来繁殖虾苗的，因此运输亲虾要格外慎重。亲虾运输一般采用干法运输法，与运小龙虾苗种相似，用聚乙烯网布的钢筋网格箱、塑料箱或泡沫箱运输。

(1) 运输前的准备　挑选性成熟的亲虾，规格30～40克/只，体格健壮、附肢齐全。如亲虾规格太大，价格高，成本高。亲虾规格太小，雌虾怀卵量少，虾苗品质差。亲虾最好现捕、现挑，不要暂养。

(2) 运输方法

第一步，将新鲜、干净的水草铺在钢筋网格箱、塑料箱或泡沫箱底部，厚度2～3厘米。

第二步，将用清水冲干净的亲虾轻轻放入箱中，每箱装亲虾5千克左右，亲虾装好后，再用新鲜、干净的水草铺在亲虾上面，盖上盖子。用亲虾原池水彻底喷淋亲虾。如用泡沫箱装小龙虾，需事先在泡沫箱底部及侧面上开几个小孔，泡沫箱底部不要积水。

第三步，将装好箱的亲虾整齐堆放在车厢内，虾箱不要堆放得太高，一般控制在3层以内。每堆箱之间保持10～15厘米的距离。为了保证运输过程中小龙虾不受挤压，堆与堆之间的缝隙用水草塞满。

(3) 注意事项

① 在运输过程中，每隔1小时喷水一次，保持亲虾体表湿润。

② 运输亲虾最好选天气凉爽的早晨或晚上，切忌中午高温时运输。

③ 若要用冰降低气温，切忌将冰直接洒在亲虾体上。而是将冰放在密封的车厢内，先降低气温，从而达到降低亲虾体温的作用。

④ 尽量缩短亲虾运输时间，确保亲虾的成活率。

2. 商品虾运输

(1) 干法运输法

① 商品虾选择　选择体质健壮、反应灵敏、达到上市规格、刚捕获上来的小龙虾，剔除死虾、病虾及不达规格的小龙虾。

② 运输容器　竹筐、泡沫箱、塑料箱均可。

③ 运输方法　先将小龙虾冲洗干净后放入容器内，在虾的最上面铺上塑料编织袋，浇上少量水后，撒上一层碎冰，合上盖子封好。一般情况下，一个装虾的容器需放碎冰1～1.5千克。如用泡沫箱装小龙虾，需事先在泡沫箱上开几个小孔。

④ 运输注意事项　一是准确计算好运输时间。正常情况下，运输时间控制在4～6个小时。如果时间太长，就需中途打开容器浇水撒冰，防止小龙虾由于长时间在高温干燥环境下造成大批死亡。如果中途没有条件打开容器浇水撒冰，就需在装箱时，加大冰块的投放量。二是装虾的容器不要堆积得太高，正常3～5层为好，以免堆积得太高，压死小龙虾。三是要保持小龙虾一定的湿度和温度，相对湿度为70%～100%时可以防止小龙虾脱水，降低运输过程中的死亡率。运输小龙虾时的水温应控制在1～7℃，这样可使龙虾处于休眠状态、可以减少氧气的消耗、避免碰伤等，有利于提高运输过程中的成活率。如果小龙虾处在温度7℃以上、相对湿度低于70%时，它们能存活的时间最多不会超过一天。四是小龙虾的死亡率应控制在5%以内，若超过该比例，则要改进运输方法。

（2）带水运输法 小龙虾的带水运输法，就是在运输容器中装水运输，一般采用活水车、塑料桶（帆布袋）、尼龙袋为装运容器。在小龙虾长途运输时采用带水运输法，可获得较高的小龙虾成活率，一般可达 95%左右。

① 运输前的准备 在运输前，先将捕获上来的小龙虾停止投饵暂养 2～3 天，使其排空肠道，提前适应高密度运输环境，以保持运输过程中水体不被污染，提高小龙虾的运输成活率。

② 运输方法

a. 活水车运输法 活水车车厢内安装活水箱，并配备 2 台小柴油机、1 台增氧泵、2 只氧气瓶、贮冰箱及增氧设施等。活水箱用厚度为 3 厘米左右的钢板制成，箱体长、宽、高根据车辆长、宽、高而定。箱内用钢板隔成 3～5 格，用于叠放盛装小龙虾的钢筋网格箱。网格箱规格一般长×宽×高为 50 厘米×15 厘米×12 厘米。网格箱用圆钢做架子，外包聚乙烯网片，长的一边缝上拉链，小龙虾装好后，拉上拉链，可以防止小龙虾逃逸。运输时，先将活水车内装满溶解氧充足的清新水，再将小龙虾装入网格箱（每个网格箱装小龙虾 8～10 千克），并叠放在车厢内，同时开动增氧泵增氧。一般一只活水箱可叠放 80 只虾笼，装运小龙虾 600～800 千克，一辆活水车可运输小龙虾 1800～4000 千克。

运输注意事项：在运输前，检查氧气瓶是否充满，各项设施是否正常工作；在运输过程中，要有专人押车，经常检查增氧设施是否正常工作，确保不停地送气增氧，以提高小龙虾的运输成活率。

b. 塑料桶（帆布袋）运输法 挑选经暂养后体格健壮、附肢齐全、未受伤的小龙虾进行装运，装运时，先将水装入容器内，再把小龙虾轻轻地沿着容器内壁放入，放养密度要适量。10 升容积的木桶或帆布袋可盛水 4～5 升，放小龙虾 6～8 千克。如天气较闷热，要酌情减量；反之，天气较晴朗、水温较低，运输密度可相对大一些。同时，在容器内放几条泥鳅（一般一个容器内放 1～1.5 千克），使泥鳅在容器内上下、左右不断地活动，以增加容器中的水溶解氧含量，减少虾与虾之间互相斗殴，降低损伤率。高温天气时运输小龙虾，可在覆盖网片上加放一些冰块，溶化的冰水不断滴入容器内，使水温逐渐下降，提高小龙虾运输成活率。在运输水中加放水葫芦，以助于小龙虾抱着水草，避免小龙虾下沉缺氧而死亡。运输途中，如发现小龙虾在水中不停乱窜，有时浮在水面发呆，不断呼出小气泡，表明容器中的水质已变坏，应立即更换新水。开始每隔 30 分钟换水 1 次，连续换水 2～3 次，待污物基本排掉，再每隔 4～5 小时更换新水 1 次。换水时，最好先选择与原虾池中水质相近的水，尽量不要选用泉水、污染的小沟渠水、井水或与原来温差较大的水。如果运输时间超过 1 天，每隔 4～5 小时翻动 1 次虾，将长时间沉在容器底部的小龙虾翻到上层，防止其缺氧死亡。为了确保运输成功，开始时或 24 小时后，可在容器中加放青霉素，以防止小龙虾损伤感染，一般 5 升水体放青霉素 1 万单位。用双层尼龙袋充氧运输小龙虾商品虾。

(3) 封闭式充氧降温运输法　根据运输距离的远近，将 1～2 只工业用氧气瓶分别用特制的角钢框架固定在靠近驾驶室的集装箱两角处，一般一瓶氧气可连续用 3～4 小时。运输前，同常规鱼类运输一样，依次将减压阀、分流管、细软管、增氧盘接好备用。

将称重后的小龙虾装入网格箱内，一般每只箱装小龙虾商品虾 6 千克左右，亲虾则降低密度，每箱装 5 千克左右。为保持运输途中小龙虾体表湿润，减少碰撞、挤压损伤，在虾箱内应放置适量的干净的、湿透的水草，如伊乐藻、水花生等。运输前用虾池水浇透虾箱 2～3 次。

虾箱按“回”字形叠放至集装箱双开门处。虾箱叠放不超过 6 层，每叠箱与箱周围留 4～5 厘米的空隙，空隙处用洗净的水花生或伊乐藻填实，防止运输过程中的撞击。“回”字形中间空白处放一个角钢制作的框架，框架内放置装有冰块的泡沫箱，泡沫箱内装冰块 100～150 千克。将气石直接放在泡沫箱与冰块的空隙中，打开氧气瓶阀门，调节好气流，开始增氧，关好车门，即可运输。为保持集装箱内适宜的氧气浓度，在集装箱门的连接处预留一小孔，其他地方用密封条封好。

此种运输方法适合高温天气运输。

(4) 其他运输方法

① 编织袋运输法　用蛇皮袋或塑料网兜装运小龙虾。用蛇皮袋装小龙虾时，先在袋底铺 1～2 厘米干净、新鲜的水草，再放入

干净的小龙虾，每袋装小龙虾为袋容量的1/3～1/2，一般10～15千克，并用细绳在袋口顶部扎紧。不要在蛇皮袋中留有空间，否则小龙虾不安静，拼命爬动。装运前用清水喷淋袋面一次，在运输过程中，每隔1～2小时用清水喷淋袋面一次，整个运输过程中保持虾体湿润。

用塑料网兜装运小龙虾时，每袋装小龙虾为袋容量的1/3～1/2，一般5～10千克，并用余下的网兜紧贴小龙虾顶部打成结。装运前，在运输车底部铺上新鲜、干净的水草，再将小龙虾整齐排放在车厢内，小龙虾装好后，最后在小龙虾上面再铺一层新鲜、干净的水草，并用清水彻底喷淋水草一次。在运输过程中，每隔1～2小时，用清水喷淋水草一次，整个运输过程中保持虾体湿润。

用蛇皮袋或塑料网兜装运小龙虾不适合长途运输，一般运输时间在12小时以内。

② 蒲包运输法　首先将蒲包洗净并充分吸水，再将冲洗干净的小龙虾轻轻放入蒲包内，小龙虾容量约为蒲包的1/2，然后将蒲包上口扎紧。其次，将装有小龙虾的蒲包放入木箱或泡沫箱中，并加盖。蒲包与蒲包之间放入少量水草，以免小龙虾互相挤压。木箱或泡沫箱箱壁留有透气孔。在运输途中，每隔2～3小时，用清洁水喷淋一次，保持虾体湿润。如果在夏天高温季节，则在木箱或泡沫箱中放置1～2瓶冰冻的矿泉水，降低运输温度，提高小龙虾运输成活率。

蒲包运输小龙虾，运输量较少，适合短途运输，小龙虾成活率高。

第六章
小龙虾的加工与利用

第一节　小龙虾的加工与储藏技术

一、虾仁加工

虾仁是以活虾为原料，去掉虾头、虾尾、肠线和壳所得到的虾肉部分。

虾仁的加工方法常见的有冻煮小龙虾仁和即食小龙虾仁。

冻煮小龙虾仁是将经过优选后的小龙虾煮熟，去掉头、尾、壳及肠线，得到的熟制的半成品虾仁，然后包装、速冻销售。

即食小龙虾仁是将小龙虾仁加工成直接食用的虾仁成品（彩图 35）。

1. 冻煮小龙虾仁加工工艺

原料验收→挑选→清洗→蒸煮→冷却→去头、剥壳、抽肠线、去黄（或不去黄）、分级→半成品检验→漂洗、沥水→包装材料验收与贮存→称重、装袋→真空包装→速冻→装箱→冷藏。

2. 即食小龙虾仁的加工工艺

原料验收→挑选→清洗→蒸煮→冷却→去头、剥壳、抽肠线→清洗杀菌、沥水→调味→计量装盒→装箱→冷藏。

3. 小龙虾仁加工工艺中的主要步骤

（1）原料验收　收购小龙虾时，要对原料虾进行初步验收，以确保收购的虾是新鲜的、无药残的活虾。同时由专人称重、填写验收记录表。记录表中要写明销售小龙虾客户姓名、地址，以便进行加工产品的质量追溯。

（2）挑选　剔除死虾、病虾、有异味的虾以及虾中夹杂的杂质。

（3）清洗　清洗分三道程序，即冲洗、漂洗和洗虾机清洗。首先将小龙虾冲洗，将虾体表的泥沙和杂物基本冲洗干净；其次将小龙虾漂洗，将虾体表进一步清洗干净；最后通过输送带将虾送入自动洗虾机中反复冲洗，将小龙虾彻底清洗干净。

（4）蒸煮　对于冻煮小龙虾仁，可将要加工的小龙虾全部放在100℃的沸水中蒸煮5分钟左右，并控制好转速（一般为300转/分钟）。蒸煮时间的实际长短应视不同季节、虾壳的不同厚度、虾体的大小等来决定。蒸煮时间过短，会造成杀菌不彻底；而蒸煮时间过长，会造成出品率降低，虾仁弹性及口感变差。对于即食小龙虾仁，为了确保每只虾都被蒸熟而不被蒸烂，要将小龙虾分级，按大、中、小分成三级，并依次蒸煮7分钟、6分钟、5分钟。

（5）冷却　先用常温水喷淋，使每批蒸煮的小龙虾仁中心温度降至40℃以下，然后用2℃以下的冷却水使小龙虾仁继续降至5℃。

（6）去头、剥壳、抽肠线　轻轻去掉虾头，不要将虾头内的内容物挤出而污染虾肉；剥壳时注意留下尾肢肉，以保持虾仁的完整、美观；抽肠要用专用镊子划开虾的背部，划缝不要超过3节。

（7）半成品检验　应有专职检验员对虾仁半成品进行综合检验及评定，不合格的半成品坚决退回返工。

（8）真空包装　将虾仁称重后放入真空包装袋，进行真空包装。包装时，要注明产品的名称、规格、重量、产地、加工单位及生产日期。

（9）速冻　将真空包装好的虾仁按规格、品种放入速冻库速冻，使产品中心温度达到－18℃，速冻时间不超过15小时。

（10）调味　每100千克水中加入食盐45千克、味精5千克、糖15千克、柠檬酸0.3千克、防腐剂100克制成调味剂，加入到虾仁中。

二、整肢虾加工

整肢虾的加工一般采用冻煮法，其加工工艺基本与冻煮小龙虾仁相似。

1．整肢虾加工工艺

原料验收→挑选→清洗→蒸煮→冲洗→盐水冷却→挑选分级→称重装盘装袋→加汤料→真空封口→速冻→包装→冷藏。

2. 整肢虾加工工艺主要步骤

(1) 原料验收、挑选　收购原料小龙虾，必须验明来源，拒收来自农药残留和其他化学物质残留过多地区的原料。原料虾必须是大红虾，双螯齐全，规格应是煮熟后每磅重量不少于30只。挑选时，剔除老虾、死虾、较脏的虾。

(2) 清洗　首先用清水冲洗，以减少细菌污染的机会，后放入用柠檬酸、小苏打、盐配成的药液中加氧吐泥清洗20分钟以上，再用流动水洗到清洗水不混浊，洗净的原料及时送蒸煮间蒸煮。

(3) 蒸煮　将活虾放入100℃蒸煮锅中，使其均匀受热，待水沸9分钟后迅速捞出。蒸煮时不得用力搅拌，以防掉肢。

(4) 冲洗、冷却　蒸煮过的小龙虾立即用常温水洗去表面沾染的虾黄等杂质，然后放入温度为0～5℃的盐水（10～12波美度）浸泡10分钟，充分冷却。

(5) 挑选分级、装盘装袋、加汤料　将冷却的熟虾在10℃以下的加工间进行挑选分级，然后虾头对虾头整齐排列于塑料盘中，中间再摆一层，虾体不得高于盘边，每盘2磅，且单螯虾不超过5只。再整齐盖上塑料薄膜，装入塑料袋中，每盘加温度低于10℃的汤料700毫升，以刚好没过虾体为宜。

汤料的制作：将辣椒粉、大蒜粉、盐、小龙虾虾味素按一定比例加入夹层锅内，加适量水熬制，冷却后贮存于桶中备用。备用汤料应在1小时内用完，隔夜汤料禁用。

(6) 真空封口　小龙虾装入袋后应迅速真空封口，密封后的封口应做到不漏气、不脱线，封口线与底线平行。

(7) 速冻　封口后送入冻结间进行速冻，冻结间温度为－30℃，冻结速度＞3厘米/小时，产品中心温度快速降至－15℃以下。

(8) 包装冷藏　将速冻好的小龙虾装入彩印盒里，而后装入大包装箱中，每箱10盒（盘）。包装箱（盒）应标有品名、规格、净重、生产日期、厂代号等内容。后转入－18℃冷库中贮藏。

三、软壳虾生产

我国具有丰富的小龙虾资源，但是在开发软壳虾这方面与国外存在着较大的差距。美国是世界上生产和消费小龙虾最多的国家，它在软壳小龙虾的生产方面已形成非常成熟的技术，包括工厂化的软壳小龙虾生产设施和设备的设计与建设，运用生物技术的方法来控制小龙虾的蜕壳速度，利用小龙虾的生物学特性结合加工的技术来阻止和延缓生产出来的软壳小龙虾的硬化，从而可以组织批量的软壳小龙虾鲜活上市。美国仅路易斯安那一个州，每年软壳小龙虾的生产量在45.4吨以上。

1. 软壳小龙虾的优点

(1) 使小龙虾的可食部分提高到90%以上。通过初步试验表明，小龙虾所蜕掉的壳平均占原体重的54.5%，但软壳小龙虾并没有失重的现象，失重率仅为0.08%，可以忽略不计，原因是小龙虾在蜕壳过程中大量吸水。蜕掉的壳是人类不易消化吸收的几丁质和碳酸钙等。胃中的钙石平均只占软壳虾体重的0.93%，再加上虾的胃和肠道，也不会超过软壳虾体重的2%，因此，软壳小龙虾的可食部分可提高到90%以上。

(2) 蜕了壳的软壳小龙虾只要将其胃中的两个钙结石拿掉（以防在食用小龙虾的过程中挻伤牙齿），整个软壳虾都可以吃，而且加工简单，味道更鲜美。

(3) 由于小龙虾是将整个身体的外壳全部彻底地蜕掉，包括虾的所有附肢、鳃和胃，因此，蜕了壳的软壳小龙虾非常干净、卫生和外观美丽，一改往日脏虾、臭虾的名声。

(4) 特别是由于软壳小龙虾整体都可以吃，营养丰富的虾黄得到了充分利用。

2. 软壳小龙虾的生产方法

(1) 利用其生长过程中蜕壳的自然规律，生产软壳小龙虾。蜕壳是所有甲壳类动物生命活动中的一个自然现象，自它孵化出来以后，随着个体的发育变态和生长，必须经过一次又一次的蜕壳，才能使身体不断长大，或完成某一生命活动，如交配、产卵和繁殖后代。甲壳类动物的蜕壳有一定的节律性，这又与甲壳类动物的种类、生长阶段、生长季节、水温、营养状况以及环境条件等有关。小龙虾从孵出到仔虾要经过11次蜕壳，仔虾再经过多次蜕壳才能达到性成熟，性成熟的雌、雄虾蜕壳次数急骤减少，老龄虾基本上一年蜕壳一次。所以，随着小龙虾的生长和长大，其蜕壳次数减少，两次蜕壳的间隔时间拉长，仔虾期一般4～6天蜕壳一次，幼虾至性成熟阶段，8～10天蜕壳一次。小龙虾的蜕壳期为每年的4～10月，但是5～6月是蜕壳高峰期。小龙虾有冬眠的习性，经过几个月的冬眠，体内的能量消耗很大，身体的甲壳也长得较厚，春天小龙虾从洞穴里爬出来，开始大量摄食，同时为了迅速生长必须蜕掉甲壳。9～10月是小龙虾的繁殖期，蜕壳明显减少。小龙虾蜕壳前有前兆，如蜕壳前停食，活动减少，好静。整个蜕壳周期可分为五个阶段，即软壳期、蜕壳后期、蜕壳间期、蜕壳前期和蜕壳期。只要掌握了小龙虾的蜕壳规律，设计出适于它生长和蜕壳的生活环境，就可以进行软壳小龙虾的大规模人工生产。美国路易斯安那州已经利用其自然蜕壳规律生产出大量的软壳小龙虾。

(2) 除去X器官，加速小龙虾蜕壳，促进蜕壳的同步性。甲壳类动物的蜕壳受到体内激素的调节和控制。现代研究证明，在甲壳类动物的体内存在着两种器官来控制蜕壳，即X器官和Y器官，位于眼柄的X器官分泌并能贮存和释放一种抑制蜕壳的激素。位于第二小颚内的Y器官分泌和释放蜕壳激素，但它的释放受到X器官的分泌，抑制蜕壳激素的调控。因此，人为地摘去X器官，就可以加速小龙虾的蜕壳，促进蜕壳的同步性。这已经在对虾、海蟹、河蟹等虾蟹类的人工催产中得到应用，并取得了明显的效果。

(3) 使用蜕壳激素，加速小龙虾的蜕壳，促进群体蜕壳的同步性。甲壳类动物的蜕壳受到激素的调控，虾的蜕壳激素目前已研究清楚。虾的蜕壳激素分为α-蜕壳激素和β-蜕壳激素，它们均为类固醇激素，α-蜕壳激素是甲壳类动物激素形成过程中的中间物质，它可以转化为β-蜕壳激素。虾的蜕壳主要由虾体内β-蜕壳激素（20-Hydroxyecdysone，20-HE，即20-烃基蜕壳酮）的量来控制虾的蜕壳周期。姜仁良等报道，河蟹、对虾在蜕壳前，血淋巴中的20-HE含量达到最高峰，蜕壳时降低，以后略有升高，至下次蜕壳前，20-HE含量又进入高峰期。现已知在100多种植物中含有虾蜕壳激素活性的类似物，并可人工提取。国内已有好几个厂家生产虾蟹类的“蜕壳促生长素”，在饲料中添加1‰～1.5‰的蜕壳素，可加快蜕壳周期和增强群体蜕壳同步性。目前，国内已有许多单位在虾蟹幼体的蜕壳过程中使用该激素，已取得明显效果。

3. 软壳小龙虾的加工

小龙虾蜕壳后，整个身体趋于洁净，只要稍微加工就可以食用。食用前，为了安全起见，用眼科镊子从小龙虾的口器处或眼睛后方插入，将虾的胃和胃中的两个钙石一起镊出，另外，用镊子从虾的肛门外将虾的肠子拉掉，这样整个软壳虾就很干净了，没有任何污物。其实，小龙虾的消化系统比较简单，从口器到肛门是一条笔直的管道，仅在胃部处膨大，加上小龙虾在蜕壳前要停食几天，蜕壳后胃肠里已没有什么内含物了，特别是蜕壳时胃的硬壳也被蜕掉，这样，不需任何加工，软壳小龙虾经过烹饪后也可以食用，只是稍加注意虾胃中的钙石，食用时将它吐出，防止挺牙。烹饪的方法可以是红烧，或在油锅中炸 1～2 分钟，然后拌上佐料就可以食用，也可以加工成面包虾，长期冷冻保存，随用随取。为安全和卫生起见，建议软壳小龙虾不要生吃。

4. 软壳小龙虾的保存与保鲜

小龙虾蜕壳后绝大多数是活的，如果不采取措施，软壳小龙虾不久就会变硬。通过试验发现，在 30℃的水温条件下，软壳小龙虾经过 12 小时，壳已部分硬化，2 天后，身体大部分变硬，只是没有蜕壳前那么硬，但此时食用该虾，口感差，壳不能嚼烂，失去了软壳虾的风味和特点。软壳小龙虾的硬化虽然是同时进行的，但是完成硬化的时间因身体部位不同而硬化先后次序不同。第一步足（螯足）和其他的附肢以及额角等攻击、防卫和摄食器官首先完成硬化，接着是腹部甲壳硬化，最后是头胸甲完全硬化。为了保持软壳小龙虾的风味，必须对软壳小龙虾进行保鲜处理。最简单的方法是小龙虾蜕壳后，马上收集起来，放在－18℃以下的环境中保存。如果想活鲜保存，可将刚蜕壳的软壳小龙虾放在 10℃以下的水中暂养，可保持一周壳不硬化，软壳虾不死。若放在 10～13℃的水中暂养，35 天软壳虾不死，但虾壳已稍硬化。

四、保鲜、保活

一般的虾类保鲜技术为低温保鲜，如冰藏保鲜、冷海水保鲜和微冻保鲜等，这些技术已经得到广泛的应用，但同时存在一定的缺陷。随着现代保鲜技术的发展，出现了几种新颖的保鲜方法。

1. 低温贮运法

低温贮运法是应用最为广泛、也最为简单的一种保鲜保活方法。根据低温保鲜的目的和温度的不同，又可以分为普通低温保鲜、玻璃化转移保鲜、超冷保鲜等。普通低温保鲜又可以分为冰藏保鲜、微冻保鲜、冻结保鲜和冻藏保鲜等。在采用此种方法贮运小龙虾时，将小龙虾逐步降温至合适的温度，然后保持在一定的温度下，即可较长时间地贮运。该保鲜方法既经济又实惠。

2. 氧气法

塑料袋充氧运输水产苗种及成鱼已得到广泛应用，在小龙虾的保鲜中也可以应用。在塑料袋中先加入 1/4 的水，接着将小龙虾装入袋中，排出空气后，充氧封口，袋中氧气与水的比例为 3∶1。如果袋中小龙虾装的数量比较合适，小龙虾的成活率会达到 99% 以上。

3. 麻醉法

采用麻醉剂抑制虾的中枢神经，使其失去反射功能，降低呼吸和代谢强度，达到保活的目的。此法操作简便，而且小龙虾放入清水即可很快恢复。目前已经应用的麻醉剂主要有 MS-222、盐酸普鲁卡因、盐酸苯佐卡因、碳酸和二氧化碳、乙醚、喹哪丁、尿烷、弗拉西迪耳和三氯乙酸等。

4. 臭氧水法

将臭氧水作为杀菌保鲜剂，主要是利用其强氧化性。臭氧水能很快渗透到细菌的细胞内，将酶系统破坏，使蛋白质变性，从而达到杀死细菌的目的。臭氧水杀菌的速度是氯的 300～1000 倍，而且臭氧在水中分解后不会形成残留，不会造成对食物的污染。

5. 酶法

主要利用酶的催化作用，防止或消除外界因素对小龙虾的不良影响，使虾保持原有的风味。目前应用较多的是葡萄糖氧化酶和溶菌酶保鲜技术。该技术一是利用其氧化葡萄糖产生的葡萄糖酸，使小龙虾加工产品表面 pH 值下降，抑制细菌的生长；二是除去了氧，降低了脂肪氧化酶、多酚氧化酶的活力，从而达到保鲜的效果。

第二节　小龙虾的综合利用技术

目前我国的小龙虾加工产品，主要以加工小龙虾仁为主，小龙虾甲壳大多作为下脚料被废弃。小龙虾甲壳富含钙、铁、磷等重要营养元素，可以作为饲料添加剂；从甲壳中可提取甲壳素、几丁质及其衍生物，广泛应用于农业、食品、医药、烟草、造纸、印染、日化等领域。因此，综合利用小龙虾加工的废弃物，将产生巨大的经济效益。

一、甲壳素

甲壳素（chitin），又名几丁质，化学名称为1,4-2-乙酰氨基-2-脱氧-D-葡聚糖，是一种来自甲壳类动物的天然高分子材料，是仅次于纤维素的第二大可再生资源，且是迄今已发现的唯一的天然碱性多糖。甲壳素具有无毒、无味、可生物降解等优点，被大量用于食品工业中，作为食品填充剂、增稠剂、稳定剂、乳化剂、脱色剂、调味剂、香味增补剂等使用。小龙虾的甲壳占整个虾体重的50%～60%，其主要成分为甲壳素，甲壳素占甲壳干重的26%。但是甲壳素的化学性质不活泼，溶解性差，如果经加工脱去分子中的乙酰基，则可转变为多用途的壳聚糖。

1. 壳聚糖生产工艺流程

将小龙虾虾壳先用5%氢氧化钠处理5小时，再用5%盐酸脱灰3小时，经酸碱循环处理直至加酸再无气泡产生，最后漂洗、干燥。具体工艺流程如图6-1所示。

2. 壳聚糖生产工艺要点

（1）虾壳原料储藏于通风干燥环境中，湿气过大应铺开晾晒；处理前应将虾壳洗净，除去杂质。

（2）酸碱处理后，必须将处理的虾壳水洗至中性，防止因部分酸碱的残留而改变再次脱粗蛋白和灰分的酸碱浓度，最终影响产品的质量。

（3）酸碱交替处理至最后加酸液后无气泡产生方可进行脱乙酰基。

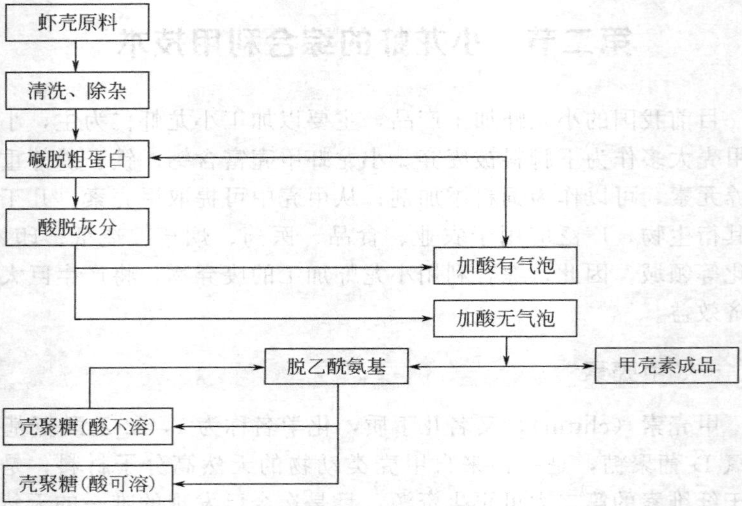

图 6-1 壳聚糖生产工艺流程图

（4）最后的产品应置于干燥密闭的环境中，防止因吸水导致产品质量的下降。

3. 壳聚糖及其衍生物的利用

（1）在生物医药方面 壳聚糖一是可作为烧伤敷料及伤口愈合剂，例如包扎纱布用壳聚糖处理后，伤口愈合速度可提高 75%。二是用壳聚糖制成的可吸收性手术缝线，机械强度高，可长期储存，能用常规方法消毒，可染色，可掺入药剂，能被组织降解吸收，免除患者拆线的痛苦。三是壳聚糖还可以用作制作人工肾透析膜和隐形眼镜等。四是用壳聚糖制备的微胶囊，是一种生物降解型的高分子膜材料，是极具发展用途的医用缓释剂。

（2）在纺织业、印染业方面 壳聚糖与布料结合纺制成的衣服，具有消毒杀菌、防紫外线照射的功能。将毛料、棉织物用壳聚糖的稀酸溶液浸渍后，能改善这些织物的洗净性能及减少皱缩率，并能增强可染性；在印染花色后，涂上一薄层以壳聚糖为原料的固色剂，可明显改善织物色调，提高花色附着牢度。可用于纯棉染色。J. Mcanal 等的报告表明，应用壳聚糖可使直接染料染棉及纤维织物上染率增加 20%～30%，特别是对棉织物进行处理，可很好地遮盖不成熟棉结、白星而获得均匀的色相。还可作为合成纤维抗静电整理剂。聚酯纤维经壳聚糖涂层整理后，产生了明显的抗静电效果。

（3）在食品工业方面　壳聚糖主要作为凝聚剂有两种用途：一是作为加工助剂，促进固液分离；二是处理废水，回收蛋白质作为动物饲料，减少水质污染。在美国，由甲壳素降解而成的葡聚糖酸钠因具有清理人体肠道和减肥等多种功能，受到消费者的青睐。

（4）在农业上的应用　壳聚糖能促进植物生长，能激发植物的防卫反应和防御系统，具有调节植物生长和诱导植物抗病等功能。姜华（2002）等以玉米矮花叶病毒为防治对象，研究壳聚糖对植物病毒病的防效与植物抗性相关的防御酶活性的关系，研究表明，壳聚糖具有抑制病毒增殖作用，具有诱导抗病毒作用。壳聚糖可作为土壤改良剂，如将壳聚糖制成溶胶、颗粒或粉剂，施在土壤中，可起到阻止霉菌繁殖、促进作物生长的作用。壳聚糖也可作为水果、蔬菜保鲜剂。壳聚糖可在水果表面形成膜，改变果实组织内部气体组成和降低蒸发损耗。

（5）在污水处理方面　由于游离氨基的存在，壳聚糖在酸性溶液中，具有阳离子型聚电介质的性质，可作为凝聚剂，用于水的澄清。还可用于工业废水的脱氯酚和造纸污水的脱木质素处理等。壳聚糖是高性能的重金属离子富集剂，因此可用于含重金属离子的污水处理和贵金属回收，将壳聚糖用于溶液中能与 Cu^{2+}、Cr^{3+}、Ni^{2+} 等许多重金属离子的脱除与回收，最高回收率达 95%～100%。印染行业中，许多有毒的重金属离子通过壳聚糖的螯合作用而被去除。壳聚糖也能用于放射性元素铀的捕集与核工业污水的处理。

（6）在化妆品方面　壳聚糖在酸性条件下可成为带正电荷的高分子聚电解质而直接用于香波、洗发精等的配方中，使乳胶稳定化以保护胶体；壳聚糖本身的带电性使其具有抑制静电荷的蓄积与中和负电荷的作用，这种带电防止的效能可以防止脱发；壳聚糖能在毛发表面形成一层有滋润作用的覆盖膜，因此，可减少摩擦，避免洗发所引起的对头发的伤害。添加壳聚糖的洁肤液、护肤液具有良好的吸湿、保湿功能；壳聚糖与其他高分子物质复合制备的面膜，由于壳聚糖良好的亲水性、亲蛋白性，对皮肤无过敏、无刺激、无毒性反应，且在成膜过程中使得整个面膜材料与皮肤接触感明显柔和，对皮肤的亲和性明显增加。膏霜类化妆品中加入适量壳聚糖可增加人体对细菌、真菌的免疫力，阻碍原菌生长，对破损的皮肤不但不会感染，还会促使伤口愈合；用壳聚糖制备含有福尔马林的化妆品，具有良好的杀菌效果。

（7）在造纸工业方面　壳聚糖本身就是防腐剂，对纸张起到良好的防腐、防蛀作用。用磷酸酯淀粉与壳聚糖加入到纸浆中再抄纸，有效地提高了纸张的物理性能和填料的留着率。将壳聚糖涂布与草浆纤维纸张表面，能提高纸张的表面强度、柔软性与印刷性能。将壳聚糖与氯乙酸反应，制得溶于水的羟甲基壳聚糖，其溶液用作纸张的施胶剂，具有高的干、湿耐破度和撕裂度，且表面光滑、书写流利，具有良好的印刷性能，不受紫外线照射而退色。

二、虾青素

虾青素是一种红色类胡萝卜素，化学名称是 3,3′-二羟基-4,4′-二酮基-β,β'-胡萝卜素，在体内可与蛋白质结合而呈青色、蓝色，是世界上最强的天然抗氧化剂，有效清除细胞内的氧自由基，增强细胞再生能力，维持机体平衡和减少衰老细胞的堆积，由内而外保护细胞和 DNA 的健康，从而保护皮肤健康，促进毛发生长，抗衰老、缓解运动疲劳、增强活力。由于虾青素强大的保健功能，近年来深受消费者青睐。

1. 虾青素的提取

目前，国内外工业化生产天然虾青素主要有两个途径：一是从酵母菌如红法夫酵母、黏红酵母中提取，如美国的 Red Star 公司及 Igene 生物公司利用这种酵母菌生产虾青素；二是利用藻类生产虾青素，如美国 Cyanotech 公司，雨生红球藻被公认为自然界中生产天然虾青素的最好生物。因小龙虾虾壳中虾青素含量较低，提取费用高，目前从小龙虾虾壳中提取虾青素还没有规模化生产。目前从甲壳中提取虾青素的方法主要有四种：碱提法、油溶法、有机溶剂法以及超临界 CO_2 流体萃取法。

（1）碱提法　主要是应用了碱液脱蛋白的原理，虾壳中虾青素大多与蛋白质结合，以色素结合蛋白的形式存在，当用热碱液煮虾壳时，其中的蛋白质溶出，而与蛋白质结合的虾青素也随之溶出，从而达到提炼虾青素的目的。由于碱提法加工过程需消耗大量酸碱，同时加工废水的污染也是很难解决的问题，因此，近几年来对碱提法的研究报道较少。

（2）油溶法　虾青素具有良好的脂溶性，油溶法正是利用这一特性进行的。该方法所用的油脂主要为可食用油脂类，最常见的是大豆油，也有用鱼油等。油用量直接影响虾青素的提取效率。提取时温度较高会影响虾青素的稳定性。另外，提取后含色素的油不易浓缩，产品浓度不高，使应用范围受到限制。若想纯化，需用层析方法。

（3）有机溶剂法　有机溶剂是一种提取虾青素的有效试剂，通常提取后可将有机溶剂蒸发，从而将虾青素浓缩，得到浓度较大的虾青素油，同时溶剂也可回收循环利用。常见的溶剂有丙酮、乙醚、乙醇、石油醚、氯仿、正己烷等。不同的溶剂提取效果不同。丙酮的提取效果最好，而乙醇最差。有机溶剂法提取可采用浸提和回流提取，但资料报道较多的是浸提提取法。

实际采用的提取方法主要有以下两种。

① 单罐多次重复萃取法　将试样放入匀浆器中提取，当溶剂中的虾青素浓度达到平衡后，将萃取液放出，再加溶剂进行下一次萃取。如此重复多次，直到细胞中的虾青素全部被提取出来。

② 索氏提取法　是改良的单罐多次重复萃取法。其优点是不断用新鲜的溶剂进行提取，萃取剂与原料细胞始终保持最大的浓度差。从而加快了萃取速度，提高了萃取率。最后得到的萃取液浓度较高，克服了单罐萃取浓度低的缺点。

（4）超临界 CO_2 萃取法　超临界流体萃取技术就是利用临界流体的特殊性质，在高压条件下与待分离的固体或液体混合物接触，调节系统的操作压力和温度，萃取出所需要的物质，随后通过降压或升温的方法，降低超临界流体的密度，使萃取物得到分离。超临界 CO_2 萃取法，具有无毒、无害、溶解能力强、溶剂残留少、产品纯度高等优点，越来越受到人们的重视。但由于前期设备投资大、生产技术要求高，用于大规模工业生产存在一定困难。

2. 虾青素的应用

虾青素是一种极具潜力的类胡萝卜素添加剂，在食品添加剂、化妆品、保健品、水产养殖及医药等领域有着广阔的应用前景。

(1) 在保健食品和药品方面　虾青素是高级营养保健食品和药品。它能显著提高人体的免疫力，有效清除肌细胞中因运动产生的自由基，强化需氧代谢，因此，具有明显的抗疲劳和抗衰老作用。它是唯一能通过血脑屏障的类胡萝卜素，可直接与肌肉组织结合，因此，虾青素对眼睛及大脑的抗氧化保护优势明显，可有效防止视网膜的氧化及感光器细胞的损伤，并具有保护中枢神经系统的能力。虾青素在体内具有显著升高高密度脂蛋白(HDL)和降低低密度脂蛋白(LDL)的功效，因此，虾青素能减轻载脂蛋白的氧化，可用于预防动脉硬化、冠心病和缺血性脑损伤。

(2) 在化妆品应用方面　虾青素广泛应用于膏霜、乳剂、唇用香脂、护肤品等各类化妆品中。虾青素具有抗衰老作用，有效抗氧化是一切化妆品的基本要求。虾青素超强的抗氧化功能，可以有效除皱抗衰、防晒、美白，以及除去因年龄增长所致的黄褐斑。另因虾青素具有艳丽的红色和强力的抗氧化功能，又可作为脂溶性的色素，因此，可制作唇膏、口红等。

(3) 在养殖业应用方面　虾青素是类胡萝卜素合成的终点，它进入动物体后可以直接贮存在组织内，使一些水生动物的皮肤与肌肉呈现健康而鲜艳的颜色，使禽蛋及禽的皮肤、羽毛、脚、项均呈现健康的金黄色或红色，从而增加商品的营养价值和商品价值。因此，虾青素是鱼类及家禽饲料中添加的首选增色剂。虾青素可提高鱼类及畜禽的免疫力、成活率、生育能力和减少传染病。虾青素还可显著提高家禽的产蛋率，并将虾青素富集在卵中，不仅蛋黄颜色变深，而且大幅度提高了蛋的营养价值。

三、酶的提取和利用

从虾头中还可以提取甲壳素脱乙酰酶(CDA)，程明哲最早研究了从虾头中提取CDA的方法，纯化倍数达108倍，方法简单易行，可用于大规模生产。CDA可代替传统的方法生产壳聚糖，解决了传统生产壳聚糖环境污染问题。同时CDA还是研究壳聚糖结构性质的一个工具酶。

另外，利用虾头和虾壳等副产品还可以制备几丁质酶和透明质酸酶，Michiko K等研究了从虾头提取几丁质酶及其性质。透明质酸也是一种更重要的药物扩散剂，具有消除水肿和血块等作用。程明哲等在国内曾经首次从虾头分离纯化透明质酸并研究其性质。

四、蛋白质及类脂的提取和利用

研究表明，新鲜的虾壳成分大致为：水68.1%，灰分17.0%，总类脂0.9%，蛋白质8.5%，甲壳素5.5%。虾壳中蛋白质含量较为丰富，氨基酸种类齐全，其中必需氨基酸约45%，且组成平衡。虾壳中类脂主要是指卵磷脂、脑磷脂、不饱和脂肪酸等，因为它们的很多性质与脂肪相似，故称类脂。

虾壳中的蛋白质是一种优质的动物蛋白，不仅可以用于食品、饮料中，也可完全水解后制成氨基酸营养液，还可用于调料添加剂和饲料添加剂。

磷脂除了本身具有较高的营养价值外，还因为它具有分散性、柔软性和防氧化性的功能，也是一种优良的乳化剂、稳定剂和分散剂，所以被广泛应用于食品工业中。例如，在果冻制作过程中，添加一定量的类脂，可以使果冻光泽好，表面平滑不黏，香味稳定，还可以提高抗氧化的作用，延长货架期。食用这种果冻，还有助于人体对食物中的油脂和维生素A的吸收。不饱和脂肪酸是人体不可缺少的生理活性物质，对人体具有很强的生理功能。

目前，国内外很多人从事从虾壳中提取蛋白质、类脂的研究，叶生梅、夏士朋、史永旭报道过从虾壳中提取蛋白质的方法，马闯、隋伟等利用蛋白质酶提取蛋白质。类脂的提取方法由两种：即油溶剂法和溶剂抽提法。江尧森等将虾头、虾脑的混合物用油溶剂抽出得到虾脑油，富含脂肪、虾黄质脂类等成分，可作为调味剂。

五、其他综合利用

可以利用从虾头分离纯化透明质酸的副产品制备碳酸钙和氨基葡萄糖盐酸盐；利用虾头内残留的虾黄，生产小龙虾虾黄酱、虾黄粉等。

第七章
小龙虾产业链的延伸

第一节 小龙虾产业链概述

随着小龙虾产业异军突起，各地、各级政府纷纷瞄准这一发展机遇，采取“政府引导、多元投入、科学发展、全面推进”的工作思路，因势利导，规范运作，有力地推进了小龙虾产业健康、快速、可持续发展，促进了小龙虾产业链条不断拉长、加粗、铆紧，逐步形成了一产、二产、三产有机衔接，产业内部相互融合，产业外延不断拓展、产业内容日益丰富的健康有序的产业发展模式。突出表现在：人工选育苗逐步体现专业化，成品养殖已经呈现规模化，产品加工不断步入精深化，产品销售已经形成品牌化，餐饮服务愈发显示特色化，文化旅游日趋走向品牌化，由此而带来的衍生产业如十三香原料、产品包装印刷、旅游附属产品、冷链物流运输等都蓬勃兴起，以虾为媒、以虾招商、以虾引资（智）活动也都取得了良好的效果。

一、苗种选育

长期以来，由于受到消费需求的影响，“竭泽而渔”式的大量捕捞，导致小龙虾自然资源日渐枯竭，加之小龙虾独特繁殖的习性，使得苗种短缺一直成为小龙虾产业发展的“瓶颈”。由于小龙虾养殖一直靠自繁自养，种质严重退化，头小尾大、出肉率低已成为普遍现象。随着小龙虾产业的蓬勃发展，各级科研机构积极行动，立项开展人工规模化繁育小龙虾种苗的科学研究，研究探索了“控制光照、控制温度、控制水位、控制水质、加强投喂”的“五位一体”的人工诱导方法，促使小龙虾同步产卵，批量繁殖，逐步攻克了小龙虾种苗人工选育、繁育关，在小龙虾重点产区，纷纷建立了小龙虾种苗选育繁育中心，基本解决了小龙虾产业发展中苗种难题，为小龙虾产业链形成奠定了基础，对实施产业转型升级发挥了巨大的推动作用。

二、成品养殖

强劲的市场需求激发了龙虾养殖业的迅猛发展，短短十几年间，小龙虾的养殖规模从小到大，养殖产量从无到有，养殖模式不断优化，养殖技术不断创新，养殖效益不断提高，小龙虾养殖已经发展成为水产养殖业中最具活力、最有潜力、最有效益的生产方式之一。2009 年，全国小龙虾养殖面积就超过 500 万亩，养殖产量已达 50 万吨，其中江苏小龙虾养殖面积就超过 40 万亩，养殖产量近 6 万吨，养殖模式已经从当初的单一养殖方式逐步发展为虾蟹混养、虾稻连作、虾莲共生、小龙虾专养等数十种养殖模式，本着因地制宜、因陋就简、相得益彰的原则，每个模式都能契合当地传统的养殖方式，可以说各具优势，各有特色，充分体现了小龙虾规模化养殖的广阔前景（彩图 36、彩图 37）。

三、精深加工

最初小龙虾产业的发展，仅仅局限于种苗繁育、养殖生产、餐饮消费等产业链的低端，导致产业发展存在很大的局限性，“现烧”局限了原料的供应季节，“即食”减少了不同的消费人群，“整肢”也使很多人叹为观止、望而却步，“加工”于是顺势而为便成为必然。一是围绕如何让更多人“吃”，延伸出冷藏包装、熟食加工、即食加工、肢解加工、真空包装以及虾酱、虾黄、虾仁等专业加工，小龙虾肉味鲜美、营养丰富、蛋白质含量达 16%～20%，干虾米蛋白质含量高达 50%以上，高于一般鱼类，超过鸡蛋的蛋白质含量。虾肉中锌、碘、硒等微量元素的含量也高于其他食品，且肌肉纤维细嫩，易于被人体消化吸收，加工增值潜力很大。二是围绕废弃物综合利用，延伸出的衍生产品加工。据测算，每只小龙虾有 70%的部分（主要是虾头和虾壳）作为废弃物被丢弃，不仅造成资源的极大浪费，也污染了周边环境。随着小龙虾产业的健康发展，围绕“小龙虾”综合利用，成为产业发展的纵深课题，如果利用新技术，从虾头、虾壳中提炼甲壳素与壳聚糖，就能衍生出精细与专用化学品、医药用品、生物功能材料、优良保健食品等几十项产品，这些衍生品的附加值将比原来提高10～100倍。在武汉大学甲壳素研究开发中心进行了长达10多年的研究攻关，目前已掌握了数十项拥有自主知识产权、令小龙虾废弃物变废为宝的核心技术，许多加工产品广泛应用于医药、环保、食品、保健、农业、饲料及科学研究领域。淡水小龙虾加工规模不断扩大，加工能力不断提升，出口创汇连创新高。加工出口的发展，不仅带动淡水龙虾的养殖生产，而且成为农副产品出口创汇的亮点。

四、市场营销

市场营销是产业蓬勃发展的重要推手，随着小龙虾产业的迅猛发展，各地纷纷建立起新型产业营销网络体系，一批中介组织如雨后春笋般发展壮大起来，他们在企业和农户间建立了纽带，形成了新型的“风险共担、利益均占”的产业化运行机制，加强了龙头企业与农户的利益联结，推动了各地订单农业的发展，带动了企业增效和农民增收。小龙虾交易中心、现代物流配送中心、实用冷冻仓储中心等覆盖面越来越广，连锁经营、配送销售、电子商务交易平台等现代营销手段日趋成熟，越来越多的人参与到产业中来，为产业的发展聚集了正能量。在盱眙这个虾味飘香的城市，小龙虾的营销不仅仅是产业的营销，她已成为城市靓丽的名片，产业的营销也将带动城市的营销，不断提升盱眙这座原本名不见经传的山水城市。如今的盱眙再也不是许多人认知为“于台”的县城小镇，而因十三香龙虾一跃成为人所共知的龙虾之都了，其知名度和影响力得到了极大的提升。

五、品牌运作

与其他产业发展一样，小龙虾的发展也经历了产品—商品—品牌的过程，与刚开始起步时千家万户卖小龙虾不同，现在各种小龙虾品牌占领整个龙虾市场，强化品牌意识，实施精品名牌战略已经成为小龙虾产业发展的重要共识，通过小龙虾产地建设、品牌创建，拓展了龙虾营销空间，提升了商品龙虾附加值，加上市场和政府的综合作用，促进资金、劳动力、技术、企业等各种生产要素向品牌龙虾产品聚集，有些品牌颇具地方特色，深得当地消费者青睐，有些品牌则已经走向全国，享誉海内外。有些品牌取得“中国绿色食品”标志认证，有些品牌则获评中国名牌农产品，如今的小龙虾规模化生产已经摆脱小农经济的模式，实行标准化生产，盱眙龙虾一步步从选料、加工、包装、保存、运输、品牌使用等全过程实现了规范化、标准化。有些企业生产的小龙虾系列产品甚至建立了完整的 HACCP 质量监控体系，并通过了美国 FDA、欧盟 EEC 卫生注册和 ISO 9001：2000 质量管理体系认证。

六、休闲垂钓

小龙虾体色通红，与中华民族传统文化“红红火火”、“兴旺发达”、“前程似锦”、“健康长寿”等欢乐喜庆、热情向往的美好愿望非常契合，深受人们喜爱。小龙虾外形奇特，张牙舞爪，满足了人们追求奇特新颖的好奇心理，事实上，自从龙虾现身我们的视野，从没有“吃”的习惯时，首先出现了对小龙虾的垂钓，我们大多数都还留存着儿时的记忆，三三两两驻足池边沟渠，或找个小棍，系上细线，挂上蚯蚓，或钓个网兜，撒些食物，悬进水中，不一会就有红彤彤的小龙虾上钩入网，引得我们无限欢乐。如今，随着休闲渔业的蓬勃发展，小龙虾因其来源广泛、容易上钩、钓法多样等特点已经发展成为垂钓对象中的重要一员，钓小龙虾已经成为垂钓业发展中的奇葩，尤其适合久居城市的人们特别是妇女和儿童用于闲情逸致的有效途径。此外，小龙虾本身作为钓饵也逐步显现出广阔的发展前景，在美国小龙虾不仅是重要的食用虾类，而且是垂钓的重要饵料，年消费量 6 万～8 万吨，其自给能力也不足 1/3。

七、餐饮行业

近年来，随着小龙虾为人们所认知，小龙虾“红色风暴”迅猛风靡世界，已经成为餐饮业重要的可口菜肴之一。以小龙虾为特色菜肴的餐馆遍布全国城镇大街小巷，年消费量多达数万吨以上，各具特色的小龙虾，如风味、油炸、清蒸、红烧、烧烤等各种口味一应俱全，整只、半只、虾仁、大钳（螯）等各种形式各取所需，国内市场也涌现出了如潜江的五七油焖大虾、襄樊的宜城大虾、江苏的盱眙大虾、北京的油炸大虾、武汉的麻辣虾球等。每到春夏之交，各种小龙虾店异常火爆，众多食客蜂拥而至，吃小龙虾已经成为人们的消费时尚。资料显示，在武汉、南京、上海、常州、无锡、苏州、淮安、合肥等大中城市，一年消费量都在万吨以上，仅南京人日啖小龙虾就达70～80吨。盱眙龙虾股份公司全力打造的"盱眙龙虾连锁美食餐厅"已经布满全国，店面已经超过1000家以上，成为中国"肯德基"、"麦当劳"。实践证明，旺盛的消费需求，刺激众多小龙虾餐馆开店扩张，为小龙虾产业发展提供了广阔的发展空间，小龙虾已成为城乡大部分家庭的家常菜肴。显示出小龙虾产业的广阔发展潜力。

八、旅游文化

任何一个产业没有了文化内涵，终究不会具有旺盛的生命力，小龙虾产业的发展也是一样，经过近年来的发展，小龙虾引发的文化效应日趋显现。众所周知的"盱眙龙虾"，几乎一夜之中成为"长三角"民众接受并推崇的美食美味。文化的渗透获得了广泛的认同。正因为连续多届中国龙虾节的成功举办，才使得一个苏北小县城逐步进入人们的视野，为整个世界所熟知，在人们细心品味"盱眙龙虾"的同时，也在不断品味"盱眙"的深刻内涵，盱眙人硬是靠巧妙的节庆策划，激发了人们的兴奋点和关注度。靠节庆旅游活动策划，吸引各地游客来盱眙领略真山真水和"帝王故里"盱眙明文化的风韵；在举办龙虾节的同时，把盱眙的饮食文化、传统文化介绍到世界，使盱眙的"明韵汉风"得到发扬光大。盱眙人将龙虾节庆文化与高端思维结合，使盱眙龙虾节庆文化得以不断提升和在更高层次上彰显。盱眙人在龙虾节中策划的中国龙虾节"走进北京人民大会堂"、"走进北大"、"走进上海军营"、成立江苏省盱眙龙虾协会宁波分会、"奥运冠军龙虾情"、"名人名嘴论龙虾"等一系列活动，与央视合作录制"同乐五洲"盱眙国际龙虾节专题节目，拍摄"龙虾情缘"数字电影等经典创意，强力借助高层高端的影响力，借助中国政治经济文化中心人脉和人气，让中国龙虾节和盱眙知名度得到最大限度地提升与扩展。以节庆品牌国际化建设山水城市、打造休闲之都。以“龙虾之都”、“山水名城”为基本定位，大力推进中等城市建设，以盱眙奥体中心、都梁阁为先导的一批标志性建筑拔地而起，以龙虾博物馆、淮河文化会馆为代表的一批文化亮点设施相继落成，以中澳满江红龙虾产业园、龙虾科技美食城为引领的一批特色产业园区加快建设。年游客已达300万人次以上，已荣获“中国旅游强县”称号，提前实现了建成“苏北旅游第一县”，“品盱眙龙虾，赏盱眙山水”已成为旅游一族的新时尚。第三产业特别是休闲旅游业、餐饮服务业蓬勃发展，从事龙虾及相关产业人员超过10万，占全县人口的七分之一。龙虾品牌给盱眙带来了巨大的经济效益和社会效益。

游梅苑、看大戏、品龙虾；登“天下第一台”，观“平原第一坝”，伴随着中国湖北潜江龙虾节的举办，同样“引爆”了潜江乡村休闲游。地处武汉城市圈和鄂西生态文化旅游圈交汇处的潜江，是楚文化的重要发祥地之一，文化底蕴深厚、历史遗迹荟萃、自然风光旖旎、生态环境优良、水陆铁交通发达，是全国文化先进市、全国文物工作先进市，中华诗词之市、中国民间文化艺术之乡。素有“曹禺故里、水乡园林、龙虾之乡、石油新城”的美誉。龙虾节前后，潜江各景区游人如织，各星级宾馆、品牌餐饮店个个爆满。

前面赘述的八个方面只涵盖了小龙虾产业发展的直接内容，在小龙虾产业自身得到迅猛发展的同时，由此而引发的相关产业也红红火火。2011年盱眙县以龙虾为主导的水产品深加工龙头企业有5个，年加工水产品能力达8000多吨。拥有水产饲料企业2个、年生产饲料能力10万吨，十三香调料加工企业32户，年加工调料能力1万吨。其中三森食品有限公司生产的真空包装盱眙“十三香龙虾”已进入易初莲花超市热卖，泗州城工贸食品有限公司加工的盱眙“十三香龙虾”进入苏果超市。全县龙虾产业链年产值已超过50亿元，农民人均纯收入中约1/4来自龙虾，龙虾产业已成为名副其实的富民第一产业。

小龙虾创造了大产业，实现了由“小规模自然生产”到“大规模标准化产业”的发展，形成了一条涵盖养殖业、加工业、高科技、文化产业等内涵的系列产业链条。小龙虾的成功之路，树立了中国现代农业发展的成功典范。

第二节　中国盱眙国际龙虾节简介

2000年，一场名为“中国盱眙龙年龙虾节”的活动在一个名为“盱眙”的苏北小城悄悄开幕。此后，盱眙每年举办一届龙虾节，首届龙虾节所有活动只在本县举行；到第二届时，就开始尝试走出去，在南京和上海各举办一些活动；再后来，活动发展到了浙江、北京和深圳。到第八届时，澳大利亚、新西兰和瑞典也参与进来，原先定的“中国龙虾节”，也迅速升格为“中国·盱眙国际龙虾节”。从此，“中国·盱眙国际龙虾节”成为由江苏省盱眙县人民政府联合澳大利亚、新西兰、瑞典等国家的地方政府和国内强势媒体等机构举办的国际化节庆，并在国内南京、上海、宁波、深圳、北京设立分会场，形成中国地方节庆唯一的“四国联动，六地联办”格局。盱眙龙虾节以其独有的魅力，从全国5000多个节庆活动中脱颖而出，2005年被国际节庆协会评选为“IFEA中国最具发展潜力的十大节庆活动”，被第三届中国会展（节事）财富论坛评为“中国节庆50强”，并雄踞前列。

盱眙龙虾节的成功举办，使名不见经传的盱眙一夜之间红遍大江南北、长城内外，盱眙也不再被误读“于台”。小龙虾节带动了龙虾养殖业的快速发展。据有关资料显示，目前盱眙龙虾已发展成为养殖面积超20万亩、年交易量超20万吨、交易额突破20亿元、从业人员超过10万人的规模产业，农民收入的五分之一以上与小龙虾产业有关。小龙虾更带动了盱眙的旅游业、住宿餐饮业蓬勃发展。一是龙虾餐饮美食规模做大做强。目前盱眙已建成眙城、马坝两个龙虾美食中心，全县以经营龙虾为特色菜肴的餐饮店达900多个，在全国20多个省、市加盟挂牌“盱眙龙虾”会员店1200多家，在瑞典、澳大利亚、新西兰、美国、希腊等国发展会员单位10家，全县餐饮业营业额由办节前的不足2000万元猛增到现在的6亿元。每逢旅游的黄金季节，盱眙的宾馆、饭馆往往爆满，特别是有名的龙虾馆人满为患，到盱眙旅游吃龙虾成为人们的消费时尚。二是开通龙虾体验旅游路线。建成全国首家以龙虾为主题的博物馆。围绕铁山寺、八仙湖等生态旅游点和现有龙虾生态养殖基地建设龙虾垂钓体验区，2009年龙虾之都体验游率先在全国开通。

盱眙龙虾节是将经济型节庆活动作为一种商品来经营的成功典范，在显著提高了盱眙的知名度、美誉度的同时，也给盱眙人民带来了巨大的财富。

（1）第一届中国龙虾节（2001） 2001年7月由盱眙县人民政府、扬子晚报社联合举办。特邀请著名节目主持人程前、王小丫、金海宁主持的大型山地广场文艺演出，邀请了马季、杨洪基、马兰、周艳泓、林依轮、OBO组合等一批艺术家倾情演出。此外，龙虾节期间还举行了“千人龙虾宴”、“水上传统民俗婚礼”、“铁山寺学生夏令营”、“大连、盱眙女骑警联袂表演”、“明祖陵明代帝王陵墓摄影作品展”等活动。

（2）第二届中国龙虾节（2002） 2002年6月8日～12日在盱眙、南京、上海三地同时举办。本届龙虾节从大明文化寻根入手，既彰显盱眙历史文化的厚重，又体现与时俱进的时代特质。6月8日下午，作为龙虾节重头戏的山地广场大型文艺演出——“登高望远”，由国内演艺界明星大腕组成的阵容强大的队伍演出了反映盱眙人“回望历史、瞩目今朝、放眼未来”的原创性节目，展示了小城大文化、大气势。龙虾节期间开展了丰富多彩的活动：“世界文化遗产——明代帝陵一体化保护组织”成立暨首届年会；盱眙十三香龙虾保健美容专家鉴定报告会；在南京五台山体育馆举办了“中国龙虾节形象大使颁奖文艺晚会暨‘千美’龙虾宴”；大型航模表演；盱眙女骑警巡游表演；具有浓郁盱眙地方特色的大型群众文化集市及民俗表演；大型焰火晚会等。

（3）第三届中国龙虾节（2003） 2003年8月26日～9月1日在盱眙、南京、上海、浙江金华四地同时举办。本届中国龙虾节由盱眙县人民政府、扬子晚报社和江苏省环境保护厅联合举办。主题有：美食节、文化节、贸易节、旅游节、民俗节。历时一周的节庆活动中主要开展22项活动。

（4）第四届中国龙虾节（2004） 2004年7月6日～7月15日在盱眙、南京、上海、浙江金华四地同时举办。本届龙虾节继续由盱眙县人民政府与扬子晚报社联合举办。四地办节各有侧重。在盱眙突出“三个提高”：提高城乡居民文明素质，提高城乡居民收入水平，提高盱眙的美誉度。在南京围绕大打旅游牌，着力实施“三百工程”：百店万人龙虾宴，百校万人看盱眙，百师厨技传万人。在上海主打盱眙绿色产品和旅游两张牌，重点推介盱眙各类农副产品，大力宣传盱眙良好的旅游资源。在浙江慈溪全力打好劳务输出牌，在宣传和推介盱眙良好投资环境的同时，把盱眙一大批农民和部分下岗工人送到慈溪，使他们既挣到钞票，又学到技术，回乡后为盱眙工业发展贡献力量。

（5）第五届中国龙虾节（2005）　2005年6月28日～7月9日在盱眙、南京、上海、浙江宁波四地联动举办。本届中国龙虾节由盱眙县人民政府、扬子晚报社、江苏省环境保护厅、江苏卫视联合主办。历时十二天的节庆活动中开展了丰富多彩的活动。

（6）第六届中国龙虾节（2006）　2006年7月8日～19日在盱眙、南京、上海、浙江宁波四地隆重举办。本届中国龙虾节由盱眙县人民政府、扬子晚报社、江苏省环境保护厅、江苏卫视联合主办。秉承“以虾为媒促开放，四地联动办大节，以人为本谋发展，主动融入长三角”的办节理念，着力打造“美食大餐、经济主餐、文化美餐、旅游套餐”。2006年的龙虾节盱眙老百姓就直接获益20亿元。

（7）第七届中国龙虾节（2007）　2007年6月11日～28日在盱眙、南京、上海、宁波、北京、深圳六地隆重举办。经过六届龙虾节，小龙虾给盱眙引来了客商和游客，带来了财气。在盱眙投资的浙商中，至少有一半是通过在宁波举办的龙虾节吸引来的。所以，2007年的第七届龙虾节又增加了北京和深圳两地。

（8）第八届中国·盱眙国际龙虾节（2008）　中国·盱眙国际龙虾节（第一～七届名称为中国龙虾节）由盱眙县人民政府、扬子晚报社、江苏省环保厅、江苏省海洋与渔业局、澳大利亚维多利亚州政府、新西兰罗托鲁瓦市政府、江苏卫视联合举办。从第八届（2008年）起，中国龙虾节升格为中国·盱眙国际龙虾节。第八届中国·盱眙国际龙虾节坚持四国联动、六地联办、八项创新，在国内盱眙、南京、北京、上海、浙江、深圳六地和国外澳大利亚、新西兰、瑞典开展66项精彩的节庆活动。办节区域更大、参与人士更多、活动内容更新，第八届中国·盱眙国际龙虾节是一次创新出彩、永载史册的中国现代节庆盛会。

(9) 第九届中国·盱眙国际龙虾节（2009） 第九届中国·盱眙国际龙虾节于2009年6月12日在江苏盱眙盛大开幕。本届龙虾节由江苏盱眙县人民政府、扬子晚报社、江苏省海洋与渔业局、江苏省环境保护厅、江苏广播电视总台、澳大利亚维多利亚州政府、新西兰鲁托努瓦市政府、瑞典马尔默市政府联合主办，本着"节俭、创新、务实、安全"的原则，坚持"办节为媒、推介为主、招商为实、发展为本"的宗旨，在国内外开展一系列独具特色的节庆文化和经贸活动。第九届中国盱眙国际龙虾节的突出特色是"四国联动（中国、瑞典、新西兰、澳大利亚）、六地联办（盱眙、南京、上海、宁波、北京、深圳）、八项世界之最（即在世界最著名的悉尼歌剧院举办专场演出；世界最广泛的华人媒体进行同步报道；世界最有影响力的驻华使节中国外交部品尝盱眙龙虾；在世界最负盛名的钓鱼台国宾馆推介盱眙；世界最先推出的龙虾之都体验游正式开通；龙虾节节旗插上世界最高的珠穆朗玛峰；世界最知名的节庆聚首盱眙联合发表盱眙宣言；世界最早发行的龙虾邮票首发上市)。

(10) 第十届中国·盱眙国际龙虾节（2010） 第十届中国·盱眙国际龙虾节于2010年6月12日在盱眙开幕。本届龙虾节以"精彩龙虾节、十年辉煌路、魅力山水城"为主题，着重突出以下"十大亮点"：世界名城市长会、全球节庆进三强、上海世博龙虾潮、央视高端说龙虾、龙虾影视添精品、百星雅集忆十年、毛利歌舞乐虾都、健美竞技第一山、龙虾军团进百城、龙虾上市定乾坤，并继续坚持"办节为媒、推介为主、招商为实、发展为本"的办节宗旨和四国联动（中国、澳大利亚、瑞典、新西兰），六地联办（盱眙、南京、上海、北京、深圳、宁波）的办节格局。

(11) 第十一届中国·盱眙国际龙虾节（2011） 本届龙虾节于2011年6月12在盱眙开幕，由盱眙县人民政府、扬子晚报社、江苏省海洋与渔业局、江苏省环保厅、江苏广播电视总台、澳大利亚维多利亚州政府、新西兰鲁托努瓦市政府、瑞典马尔默市政府联合主办，盱眙、南京、上海、北京、宁波、深圳六地联办。本届龙虾节继续坚持"办节为媒、推介为主、招商为实、发展为本"的办节宗旨，“盱眙龙虾、品位生活”为本届龙虾节办节主题。本届龙虾节在发扬光大历届盱眙龙虾节办节成功经验的基础上，通过策划实施国内外一系列创新务实的节庆活动，进一步提升中国·盱眙国际龙虾节品牌的层次，提高盱眙龙虾的知名度、放心度，促进盱眙龙虾产业的大发展。本届中国·盱眙国际龙虾节实现三大目标，即盱眙龙虾产业的进一步做大做强、盱眙经济指标的大幅攀升、盱眙城乡面貌的大变化。

（12）第十二届中国盱眙国际龙虾节（2012） 本届龙虾节于2012年6月12在盱眙开幕，由盱眙县人民政府、扬子晚报社、江苏省环保厅、江苏省海洋与渔业局、江苏广电总台、澳大利亚维多利亚州、新西兰罗托鲁瓦市、瑞典马尔默市联合举办。龙虾节紧紧围绕“办节为民”宗旨，更加重视以节乐民、以节惠民、以节富民、以节化民，全面深化办节内涵，赋予龙虾节庆永续的生命力。本届的龙虾节菜单上，33项活动中，主场在本土盱眙的活动就达24项，占近四分之三。特别是其中的“淮河水上婚礼、万人龙虾宴、黄梅戏专场演出、乡镇民俗表演”等活动，是彰显了龙虾节庆的浓厚地方色彩与鲜明个性特征，将龙虾节深深植根于社会生活、群众内心、外来游客的记忆。本届龙虾节还重点推出“美食、休闲、探秘”为主题的龙虾美食系列大餐和生态休闲游组合套餐，吸引八方来宾尝龙虾、游山水、品文化。

（13）第十三届中国盱眙国际龙虾节（2013） 本届秉承了上几届联合办节的传统。据不完全统计，龙虾节期间（6月12日～28日）盱眙共实现服务业增加值15亿元，实现龙虾销售额4亿多元，真正实现了龙虾节的富民追求。

第三节 “盱眙龙虾”品牌的运作

盱眙龙虾节与“盱眙龙虾”品牌是密不可分的，盱眙在成功举办小龙虾节的同时适时注册了“盱眙龙虾”这个品牌，2003年获农业部绿色食品认证，2004年获批中国第一例动物类证明商标，2006年获中国品牌农产品、江苏省著名商标、江苏省品牌产品，2008年获得国家地理标志产品保护，2009年，在被江苏省科技厅列为江苏省首批启动培育的苏北科技特色产业的基础上，盱眙龙虾被国家工商总局商标局批准注册为中国首例动物类证明商品和中国驰名商标，被国家农业部认证为国家级绿色食品、评定为中国名牌农产品，被中国烹饪协会批准为“中国名菜”、“中国龙虾之都”，被国家质量技术监督总局认定“国家地理标志产品保护”。2011年1月，已囊括中国驰名商标、国家地理标志产品等多项国家级荣誉的盱眙龙虾，在杭州举行的首届中国农产品品牌大会上，获评品牌价值为65亿元，居国内淡水水产品品牌榜首位。

第四节　小龙虾的垂钓

小龙虾味道鲜美，同时也是非常适合垂钓的水产品种。钓小龙虾趣味横生，尤其受到小朋友的青睐。钓小龙虾无需专门的钓具，1.5米左右的竹子或木棍都可以作钓具。首先用尼龙线的一头拴牢在钓竿上，另一头拴几条蚯蚓，可同时准备数十根这样的钓竿，同时放在水里，然后轮着提竿。当小龙虾来吃食时，钓竿便向下抖动，这时，只要将钓竿轻轻拎起，小龙虾就会乖乖地出现在你面前，它双钳钳着食物，不肯松手（彩图26、彩图27）。钓小龙虾尽管简单，但若想收获量大，钓小龙虾时须注意以下事项。

（1）钓点的选择　小龙虾喜欢在浅水、水草茂盛的地方活动，因此小龙虾垂钓点应选择在以上区域。

（2）垂钓前的诱食　为了钓到更多的小龙虾，在垂钓前，先将炒香的麸皮或其他肉食性的饵料撒在浅水或水草茂盛的地方，诱使小龙虾到此处觅食。

（3）钓虾的时间　春末至仲夏是最佳的钓虾时间，在每天的早晨或傍晚进行垂钓效果最好。入秋后，成熟的小龙虾忙打洞繁殖，此时不易钓到小龙虾。

（4）钓虾的技巧　当在浅水处发现小龙虾时，可以将钓饵轻轻放到虾头前5～10厘米处，虾就会上前用第一对螯足捧起食物进行啃食，如虾不动，则是没有发现食物，这时，应将虾钩轻轻地提起，至离水底5～10厘米处再轻轻放下，以引起小龙虾的注意。当虾注意到食物后，就会前来觅食，当小龙虾啃食时，提起竿子，即可钓上小龙虾。

第五节 盱眙十三香小龙虾调料

随着盱眙十三香小龙虾的声名鹊起，十三香小龙虾调料也随之闻名，成为小龙虾产业重要的组成部分。据不完全统计，盱眙县每年十三香调料的产值在5000万元以上。

1. 十三香调料的起源

香料是盱眙十三香龙虾调料主要成分。最初的上好香料是引进东南亚几个国家的，如印尼、马来西亚、菲律宾等。品种有白豆蔻、阳春砂等。后来国人掌握了它的用法，懂得了香料不仅能治病，而且还可以作为调味品。用十三香调料烧制龙虾是盱眙人的创举。科学研究发现十三香龙虾不仅是一道美食，而且对美容、保健有一定的功效。2002年5月18日中国龙虾节组委会邀请以著名养生学专家、南京中医药大学教授孟景春为首的专家学者，对盱眙十三香龙虾功效进行论证，得出十三香龙虾具有保健、养颜、美容、健身、养身等功效的结论。

2. 十三香调料各种成分的性味及功能

十三香是一种约定俗成的习惯叫法，实际上它由20多种香料组成，各种香料的性味及功能如下。

（1）八角：性辛温；具有温阳散寒、理气止痛的功效，是菜肴中必不可少的调味品。

（2）丁香：味辛、性温，香气浓烈；具有温肾助阳、温中止吐的功效。

（3）山柰：味辛、性温；具有温中化湿、行气止痛的功效。少用。

（4）山楂：性酸，具有开胃消食、活血化瘀的功效，对高血压、高血脂有明显的降低作用。山楂一般以温煮为好，当茶饮也有良好的收效。

（5）小茴：味辛、性温；具有散寒止痛、和胃理气的功效，是烧鱼的常用调料。

（6）木香：有广木香、云木香两种，具有行气止痛、健脾消食的功效。气味浓香，配料时少用。

（7）甘松：味辛、甘，性温；具有温中散寒、理气止痛、醒脾开胃的功效。常用作卤盐水鹅。

（8）甘草：味甘、平，具有补脾益气、清热解毒、祛痰止咳、缓急止痛、调和诸药的功效。

（9）干姜：分南姜和北姜，味辛、性温；具有发汗解表、温中止呕、化痰温肾、散寒的功效，是家庭伤风感冒、胃子不好的必备之品。

（10）白芷：味辛、性温，气芳香，微苦；具有祛风湿、活血排脓、生肌止痛的功效，是小龙虾调料必用之品。

（11）豆蔻：味辛、性温、香气浓烈，具有促进胃液分泌、增强胃肠蠕动、制止肠内异常发酵、祛除胃肠积气的功效，并有良好的芳香健胃作用。是烧、卤、腌制菜肴的上好材料，小龙虾调料必用之品。

（12）当归：味甘、辛，性温；具有补血活血的功效。

（13）肉桂：味辛、甘，性热；具有温肾助阳、温通经脉的功效。

（14）肉蔻：味辛、苦，性温；具有温中涩肠、行气消食的功效，是香料中的调味佳品。

（15）花椒：四川产青椒为最佳，陕西产红花椒次之，山东与内地产再次之，具有温中散寒、除湿、止痛、杀虫的功效，是家庭菜肴中的必用之品。

（16）孜然：味甘甜，辛温无毒；具有温中暖脾、开胃下气、消食化积、醒脑通脉、祛寒除湿等功效。

（17）香叶：味苦，性温；有清新芳香气味及较强的防腐作用。

（18）辛庚：辛温、通鼻窍。别名木笼花、望春花、通春花，是卤菜烤肉的好材料。

（19）胡椒：辛温、热、温中散寒，有增进食欲、助消化的功效，是家庭必备的调味品。

（20）草果：味辛，性温；具有燥湿温中，辟秽截疟的功效；是烧卤鸡的主料，现价格昂贵。

（21）草蔻：味辛，性温；具有燥湿健脾、温胃止呕的功效。

（22）阳春砂：味辛，性温；具有化湿开胃、温脾止泻、理气安胎的功效，是腌制卤菜的佳品，价格昂贵。

3. 十三香调料的类型及使用

（1）辛温型　八角、肉桂、小茴、花椒、丁香称五香，一般适合家庭小吃、瓜子、制酱等用，适用范围广泛，适合大众口味。一般市场上流通的五香粉都是以小茴、碎桂皮为主，八角、丁香很少，所以没有味道，真正制作起来，应该以八角、丁香为主，其他的为辅才行。

（2）麻辣型　在五香的基础上加青川椒、荜菝、胡椒、豆蔻、干姜、草果、良姜等，在烧制当中，要投入适当的辣椒，以达到辣、麻的口感。用法各异，辣椒和花椒可用热油炒，达到香的感觉，也有磨成粉状，也有全部投进锅中煮水用，那就是说每个厨师他有他本人的看法和爱好，都能起到一定的效果。

（3）浓香型　在一般材料的基础上加香砂、肉蔻、豆蔻、辛庚、进口香叶，制成特有的香味，如香肠、烧鸡、卤鸡和高档次的烧烤。

（4）怪味型　草果、草蔻、肉蔻、木香、山柰、青川椒、千年健、五加皮、杜仲另加五香以煮水，这种口味给人以清新的感觉。

（5）滋补型　如天麻、罗汉果、党参、当归、肉桂作为辅料，佐以鳖、母鸡、狗肉之类，系大补，可壮阳补肾、益气补中，增强人体的免疫力。

4. 盱眙龙虾调料五大名牌

虾圣牌调料；许建忠龙虾调料；王华东龙虾调料；汤正发牌调料；高海林牌龙虾调料。

附录 盱眙龙虾无公害池塘高效生态养殖技术规范

盱眙龙虾无公害池塘高效生态养殖技术规范

2011-3-16 发布　　2011-3-16 实施

中国渔业协会　发布

前　言

本规范中所指的盱眙龙虾，学名克氏原螯虾（*Procambarus clarkii*），俗称小龙虾。

本规范全文为指导性技术规程。

本规范根据《盱眙龙虾地理标志产品保护管理办法》及 GB 17924—1999《原产地域产品通用要求》而制定。

本规范的附录 A 为规范性附录。

本规范由全国原产地域产品标准化工作组提出并归口。

本规范起草单位：江苏省盱眙县水产技术指导站。

本规范主要起草人：陈浩、梁宗林、孙骥、顾吉全。

本规范于 2011 年 3 月 16 日首次发布。

1　范围

本规范规定了盱眙龙虾繁殖、幼虾培育、商品虾养殖等技术。主要包括：养殖池塘结构、养殖环境条件、苗种繁殖、幼虾培育、商品虾养殖、饲养管理、病害防治、捕捞、商品虾质量指标、包装、运输和贮存等技术要求。

本规范适用于盱眙龙虾养殖区域内（附图 1）。

2　规范引用文件

下列文件中的条款通过本规范的引用而成为标准的条款。凡是注日期的引用文件，其随后所有的修改单（不包括勘误的内容）或修订版均不适用于本规范，然而，鼓励根据本标准达成协议的各方研究是否可使用这些文件的最新版本。凡是不注日期的引用文件，其最新版本适用于本规范。

GB 13078 饲料卫生标准。

GB/T 18407.4 农产品安全质量　无公害水产品产地环境评价要求。

GB/T 191 包装储运图示标志。

NY 5051 无公害食品　淡水养殖用水水质。

NY 5070 无公害食品　水产品中渔药残留限量。

NY 5071 无公害食品　渔用药物使用准则。

NY 5072 无公害食品　渔用配合饲料安全限量。

NY 5073 无公害食品　水产品中有毒有害物质限量。

3　术语和定义

3.1　仔虾　盱眙龙虾亲本繁育生产出、尚未脱离母体的虾苗。

3.2　幼虾　脱离母体后、营独立生活的虾苗。

3.3　商品虾　达上市规格的小龙虾。

3.4　亲虾　已达性成熟、用于繁殖种苗的亲本小龙虾。

4　池塘环境条件

4.1　地理环境

养殖场 3 千米范围内无污染源，水源充沛，水质良好，水、电、路配套齐全。符合 GB/T 18407.4 标准的要求。

4.2　水质

水质应符合 NY 5051 的要求。

4.3　池塘条件

4.3.1　水深、面积、池埂及池坡坡度

池塘水深、面积、池埂及池坡坡度要求见附表 1。

附表 1　池塘类型要求

池塘类型	面积/亩	水深/米	池埂顶面宽/米	坡比
苗种繁殖池	3～5	1.2～1.5	≥2	1∶3
商品虾养殖池	10～20	1.5～1.8	≥2	1∶3

4.3.2 池塘形状

池塘形状以长方形、长宽比 3∶1 为宜，长轴方向应与当地养殖季节的季风方向一致。

4.3.3 池底形状

池底向出水口倾斜，便于排水和捕捞，苗种繁殖池池底呈锅底形，商品虾养殖池池底呈平底型。

4.3.4 进排水系统

每口池塘都有独立的进排水系统，进排水口分别位于池塘长轴两端。

4.3.5 防逃设施

池塘进排水口和池埂上应设防逃网。排水口的防逃网网目孔径宜为 1.0 毫米，池埂上的防逃网可用孔径为 2.0 毫米的网片、厚质塑料膜或石棉瓦作材料，防逃网高出池埂面 40 厘米以上。

4.3.6 池塘清整

清除过多淤泥，淤泥厚度不宜超过 10 厘米，清除淤泥后暴晒 2～3 天。

4.4 除野

池塘放虾前 10 天，带水清塘。水深不超过 1 米，每亩水面可用 150～200 千克生石灰溶水全池泼洒。清池 10 天后注入新水。加注新水时，应用 0.5 毫米孔径的网片过滤，以防敌害生物进入。

4.5 植草

池塘内要种植水草，水草包括沉水植物（伊乐藻、马来眼子菜、轮叶黑藻、金鱼藻等）和浮叶植物（水花生、水蕹菜等）两部分。沉水植物面积应为养殖池面积的 30%～50%，浮叶植物面积应为养殖池面积的 30%～40%，且用竹竿固定在池塘中部，漂浮在水体中。

5 苗种繁育

5.1 亲虾选择

5.1.1 亲虾形态特征

性成熟的雌雄虾性别特征见附表 2。

附表 2　性成熟的雌雄虾性别特征

形态特征	雄性	雌性
腹肢	第 1、第 2 腹肢演变成管状交接器，较长，淡红色。第 3、第 4、第 5 腹肢为白色	第 1 腹肢退化，细小。第 2 腹肢正常
同龄亲虾个体	大	小
螯足	发达，腕节和掌节上的棘突长而明显，性成熟的雄性螯足两端外侧有一明亮的红色软疣	不发达，没有软疣
倒刺	成熟的雄虾背上有倒刺，倒刺随季节而变化。春夏交配季节倒刺长出，而秋冬季节倒刺消失	无倒刺

5.1.2　亲虾规格、数量

选择的亲虾体表光滑无附着物，个体重应在 35～50 克，雄虾个体重大于雌虾个体重。亲虾应附肢齐全，无损伤，无病害，体格健壮，活动能力强。每批次不得低于 5000 尾。

5.1.3　亲虾来源

亲本来自洪泽湖盱眙龙虾种质资源保护区或养殖水体选育的优质亲本，雌雄亲本避免来自同一群体。

5.1.4　亲虾投放

5.1.4.1　放养时间　每年 8 月下旬至 10 月上旬。

5.1.4.2　装运　挑选好的亲虾用塑料筐或泡沫箱等将雌雄分装，做好标识。装运时一层水草一层虾，并压实。运输时保持潮湿，避免强风、太阳直晒，运输时间应控制在 5 小时以内。

5.1.4.3　放养

亲虾每亩放养 30～40 千克，按雌雄比（2～3）∶1 投放，投放前将筐反复浸入水中 2～3 次，每次 1～2 分钟；再用 1%～3%食盐水进行泼洒消毒，然后多点投放在池埂水边，让其自行爬入水中。第二天对投放点进行检查，捞出死虾，并做好记录。

5.1.5　亲虾饲养管理

5.1.5.1　投饲

亲虾以龙虾配合饲料为主，培育前期（8～10 月）每天投喂量为亲虾总重的 2%～3%，每天投喂 2 次，上午 8:00～9:00 投喂 30%，傍晚 17:00～18:00 投喂 70%。有条件的可适当投喂新鲜的小杂鱼等动物性饲料。后期（11月至翌年 2 月）根据天气和摄食情况适当投喂。

5.1.5.2　池水调控

亲虾放养前 1 周，每亩施放发酵有机肥 150 千克；水深控制在 1.2 米左右，并保持水位稳定。培育前期（8～10 月）每隔 10～15 天换水一次。每次换水 30 厘米。

5.1.5.3　管理

每天巡逻 2 次，观察亲虾活动、摄食、抱卵以及幼体发育情况，并由专人做好记录。

5.1.5.4　亲虾捕捞

待 80%的抱仔亲虾腹部无幼虾附着，应及时用大眼地笼捕出亲虾。

5.2　幼虾培育

5.2.1　水质调控

当水温达 15℃以上、幼虾大部分离开母体后，应及时泼洒发酵腐熟的农家肥（牛粪、鸡粪、猪粪），每亩用量为 50～100 千克，并保持透明度 30～40 厘米。

5.2.2　投饲

5.2.2.1　饲料种类

以幼虾配合饲料为主，可适当投喂鱼糜、绞碎的螺蚌肉等动物性饲料和麦麸、玉米粉、豆浆等植物性饲料。饲料应新鲜清洁卫生，符合 GB 13078 和 NY 5072 的规定。

5.2.2.2　投喂量控制

投喂量以傍晚的摄食量为基准，饲料投喂后，以 3 小时基本吃完为原则。

5.2.2.3　投喂方法

饲料投在池塘浅水处，豆浆满池泼洒。每天投喂 2 次，上午 8:00～9:00、下午 17:00～18:00 投喂，上午投喂量为下午的 1/3。

5.2.3　捕捞

5.2.3.1　分塘捕捞

当幼虾规格达 3 厘米以上，每亩密度超过 20 万尾，应及时用地笼捕捞分塘饲养或进入商品虾饲养。

5.2.3.2　幼虾捕捞

当幼虾规格达500尾/千克，可进入商品虾养殖阶段，通常用地笼捕捞，放入商品虾养殖池饲养。

5.2.4　幼虾装运

5.2.4.1　幼虾运输　幼虾采用虾苗箱（40厘米×80厘米×15厘米）干法运输。

5.2.4.2　运输要点　虾苗箱中，放厚度10厘米的水草（伊乐藻），每箱放5千克幼虾。运输途中保持湿润，避免阳光直射。

6　商品虾养殖

6.1　放养

6.1.1　放养时间

每年3月下旬至5月上旬。幼虾投放应在晴天早晨、傍晚或阴天进行。

6.1.2　放养规格与密度

——规格400～500尾/千克的虾苗，亩放养1.0万～1.5万尾；

——规格250～400尾/千克的虾苗，亩放养0.8万～1.0万尾；

——规格150～250尾/千克的虾苗，亩放养0.60万～0.8万尾。

6.1.3　放养方法

同一池塘放养虾苗尽量一次放足，经长途运输的苗种在放养前应将苗种箱反复浸入池水中2～3次，每次1～2分钟；再用1%～3%食盐水进行泼洒消毒，然后多点投放虾苗在池埂水边，让其自行爬入水中。第二天对投放点进行检查，捞出死虾苗，并做好记录。如死亡率超过20%，要适当补苗。

6.2　调控水质

遵循“春浅夏满、先肥后瘦”的原则。春季水位一般保持在0.6～1.0米之间，10～15天加水一次，每次加水5～10厘米；夏季水位保持在≥120厘米，每7～10天换水一次，每次换水量20厘米；特殊情况如缺氧、水质恶化等应及时换水。龙虾大量蜕壳或雨后不换水。

6.3 投饲

6.3.1 饲料要求

饲料以配合颗粒饲料为主，搭配少量的新鲜动物性饲料，配合饲料蛋白质≥28%，耐水性≥3 小时，饲料质量符合 GB 13708 及 NY 5072 的规定，新鲜动物性饲料投喂前应进行清理处理。

6.3.2 投喂方法

每天投喂 2 次，上午 7:00～9:00，下午 17:00～18:00。春季或秋季水温较低时可投喂 1 次，下午 16:00～17:00。饲料沿四周及中间浅滩均匀撒喂。

6.3.3 投喂数量

投喂量按存塘虾总重量的 3%计算，以投喂后 3 小时内基本吃完为宜，及时调整。上午投喂量为傍晚投喂量的 30%。具体投喂量应根据气候和虾的摄食情况调整。

6.4 日常管理

6.4.1 巡塘

每日坚持多次巡塘，观察虾的活动、摄食、生长情况，及时清除残饵及腐败水草，维修防逃设施，发现破损及时修补。保持水草覆盖率 40%～60%。

6.4.2 塘口记录

专人做好各项生产记录，及时归档保存。

6.5 捕捞

6.5.1 捕捞工具 虾笼、地笼网等工具。

6.5.2 捕捞时间

盱眙龙虾捕捞时间从 4 月下旬开始，6 月底或 7 月初结束，规格≥30 克/尾。

6.5.3 捕捞方法

饲养 45 天后，根据养殖虾规格及时用地笼诱捕商品虾，捕大留小。

7 病害及敌害防控

7.1 病害防控

定期进行消毒，每隔 15 天用一次生石灰化成水对全池进行泼洒，用量是每亩用干生石灰 15 千克。一旦发现克氏原螯虾不摄食、不活动、附肢腐烂等情况，可能是有疾病发生，对病虾要进行隔离，并对疾病作出准确诊断，对症下药，及时治疗，防止病源蔓延。用药应符合 NY 5071 的规定。

7.2　敌害防控

7.2.1　主要敌害

主要有鸟类、老鼠、蛙、水蛇、泥鳅、黄鳝、肉食性鱼类等。

7.2.2　防控方法

对鸟类采取驱赶、鞭炮、老鹰风筝等赶吓的方法，对老鼠应定期或不定期进行灭杀。蛙、水蛇、泥鳅、黄鳝、肉食性鱼类等，放养前应用生石灰清除，进水时要用孔径 0.5 毫米的纱网过滤，平时要注意清除池内的小杂鱼等。

8　质量指标

8.1　感官指标

商品龙虾的外观是：体色暗红或深红。有光泽，体表光滑无附着物，无损伤，虾体厚实，反应灵敏。肉质饱满，具盱眙龙虾固有的味道。

8.2　可数指标

上市的盱眙龙虾按个体重量不同，区分为特级品、一级品、二级品。其区分标准应符合附表 3 的规定。

附表 3　商品龙虾的可数指标

项　目		个体重量/克
特级品	雄虾	≥75
	雌虾	≥60
一级品	雄虾	60～75
	雌虾	50～60
二级品	雄虾	40～60
	雌虾	30～50

8.3　判断规则

在感官指标、可数可量指标、营养指标中，凡其中一项不符合规定的，则产品降一级处理。

9 标志、包装、运输、贮存

9.1 标志

9.1.1 符合操作规程的产品和企业，获得批准后，可在其产品或产品的外包装或产品说明书上使用盱眙龙虾产品专用标志，并标注产区名称。

9.1.2 凡不符合本操作规程的产品（包括已获原产地保护的企业，但某些批次的产品未达本标准的），其产品名称不得使用含有盱眙龙虾（包括连续或断开）的名称。

9.2 包装

包装箱规格为48厘米×48厘米×28厘米。将成品虾冲洗干净，腹部朝下装入包装箱内，然后放入一层水草，并覆盖0.5～1.0千克的碎冰块，压实、打包。包装材料应卫生、洁净。

9.3 运输

在低温清洁的环境中装运，要避免阳光直射，保证鲜活。用塑料虾筐包装的，要避免风吹。运输工具在装货前清洗、消毒，做到洁净、无毒、无异味。运输过程中防温度剧变、挤压、剧烈震动，不得与有害物质混运，严防运输污染。

9.4 贮存

成品虾应暂养、贮存在水泥池中，水深3厘米左右，用水应符合NY 5051的规定，饵料应符合NY 5072的规定，并注意防逃。

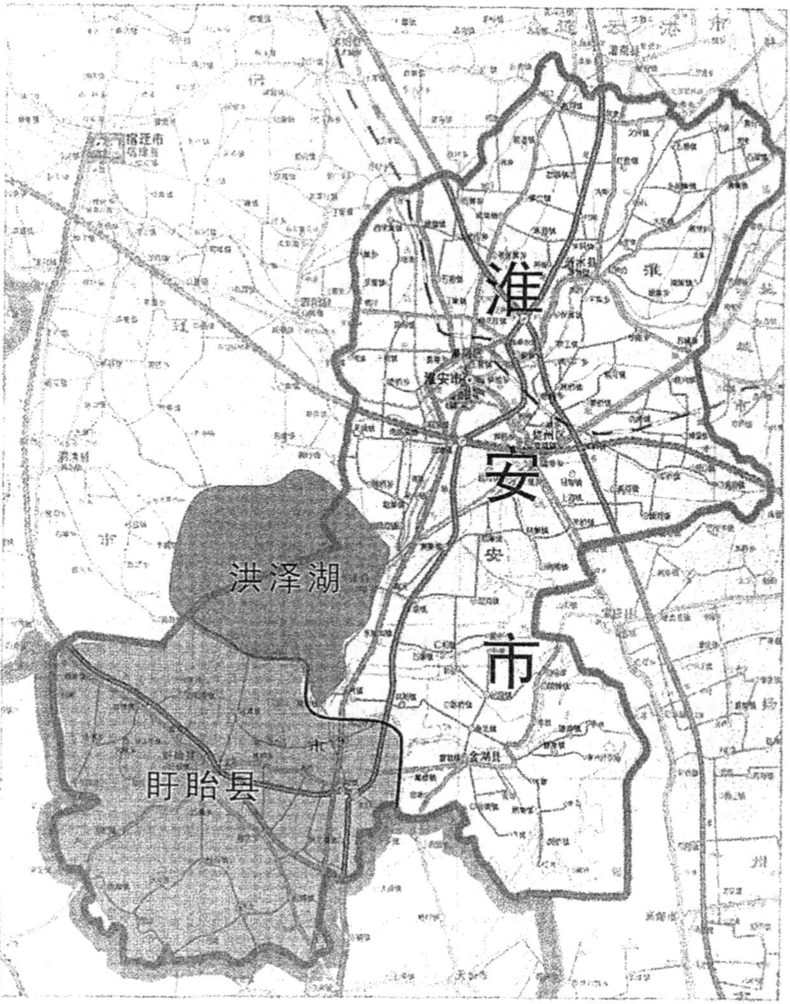

附图 1　盱眙龙虾养殖区域图

参 考 文 献

[1] 舒蕾．小龙虾的生态养殖［J］．农家顾问，2010（3）：47-49.

[2] 郭龙．淡水龙虾饲养新法［J］．农家之友，2010（3）：46.

[3] 占家智，羊茜．稻田养虾要抓十个要点［J］．渔业致富指南，2007（4）：33-34.

[4] 魏善国．龙虾稻田生态养殖技术［J］．现代农业科技，2010（4）：343-344.

[5] 吕建林．克氏原螯虾繁殖生物学及胚胎和幼体发育研究．华中农业大学硕士论文，2006.

[6] 龚世园，吕建林等．克氏原螯虾繁殖生物学研究．淡水渔业，2008，38（6）．

[7] 姚兴存，张定国．整只冻煮熟龙虾的生产技术．中国水产，1998（07）：40.

[8] 张忠诚，刘嘉丽．壳聚糖的性质和应用．全国第十一次工业表面活性剂技术经济与应用开发会议论文集：223-226.

[9] 杨德清．壳聚糖在造纸工业中的应用．华东纸业，2007（2）：106-110.

[10] 刘宏超，杨丹．从虾壳中提取虾青素工艺及其生物活性应用研究进展．化学试剂，2009，31（2）：105-108.

[11] 严淑兰，陆大年．甲壳素/壳聚糖的应用．广西纺织科技，2009，29（2）：38-40.

[12] 刘洪亮，陈丽娇．对虾虾头、虾壳副产品综合利用的研究概况．福建水产，2011，33（2）：65-69.

[13] 王勇．淡水小龙虾的综合利用．安徽农业科学，2006，34（17）：4406-4407.

[14] 王卫民．软壳克氏原螯虾在我国开发利用的前景．水生生物学报，1999.23（4）：375-380.

[15] 龚世园，何绪刚．克氏原螯虾繁殖与养殖最新技术．北京：中国农业出版社，2011.

[16] 羊茜，占家智．稻田养小龙虾关键技术．北京：金盾出版社，2010.

[17] 唐建清，陈肖玮．轻轻松松学养小龙虾．北京：中国农业出版社，2010.

[18] 夏爱军．小龙虾养殖技术．北京：中国农业大学出版社，2007.

化学工业出版社同类优秀图书推荐

ISBN	书　　名	定价(元)
21172	水产高效健康养殖丛书——淡水鱼高效养殖与疾病防治技术	29
20849	水产高效健康养殖丛书——河蟹高效养殖与疾病防治技术	29.8
20699	水产高效健康养殖丛书——南美白对虾高效养殖与疾病防治技术	25
20398	水产高效健康养殖丛书——泥鳅高效养殖与疾病防治技术	20
20149	水产高效健康养殖丛书——黄鳝高效养殖与疾病防治技术	29.8
20094	水产高效健康养殖丛书——龟鳖高效养殖与疾病防治技术	29.8
21171	水产高效健康养殖丛书——鳜鱼高效养殖与疾病防治技术	25
18413	水产养殖看图治病丛书——黄鳝泥鳅疾病看图防治	29
14390	水产致富技术丛书——泥鳅高效养殖技术	23
19047	水产生态养殖技术大全	30
18413	水产养殖看图治病丛书——黄鳝泥鳅疾病看图防治	29
18389	水产养殖看图治病丛书——观赏鱼疾病看图防治	35
18391	水产养殖看图治病丛书——常见虾蟹疾病看图防治	35
18240	水产养殖看图治病丛书——常见淡水鱼疾病看图防治	35
15561	水产致富技术丛书——福寿螺田螺高效养殖技术	21
15481	水产致富技术丛书——对虾高效养殖技术	21

续表

ISBN	书　　名	定价(元)
15001	水产致富技术丛书——水蛭高效养殖技术	23
14982	水产致富技术丛书——经济蛙类高效养殖技术	21
14390	水产致富技术丛书——泥鳅高效养殖技术	23
14384	水产致富技术丛书——黄鳝高效养殖技术	23
13547	水产致富技术丛书——龟鳖高效养殖技术	19.8
13162	水产致富技术丛书——淡水鱼高效养殖技术	23
13163	水产致富技术丛书——小龙虾高效养殖技术	23
13138	水产致富技术丛书——河蟹高效养殖技术	18

邮购地址：北京市东城区青年湖南街13号化学工业出版社(100011)

服务电话：010-64518888/8800（销售中心）

如要出版新著，请与编辑联系。

编辑联系电话：010-64519829，E-mail：qiyanp@126.com。

如需更多图书信息，请登录www.cip.com.cn。